KB134836

환경측정
분석사 실기

수질환경
측정분석
분야

국립환경과학원 정도관리평가위원과
환경측정분석사 집필

한국환경시험평가원 저

예문사

　　최근 환경분야 시험 · 검사기관에서 숙련된 분석능력을 갖춘 전문인력을 요구하고 있으며 2020년 7월부터 환경분야 시험 · 검사기관(약 1,000여 개소)은 분야별로 환경측정분석사를 의무적으로 고용해야 하므로 분석요원 및 기술인원의 수요가 확대될 전망이다.

　　이에 환경측정분석사 자격증을 준비하는 수험생에게 큰 보탬이 되고자 환경측정분석사 실기시험 준비서를 기획하게 되었다.

◎ 이 책의 특징

> **1** 먼저 시험의 개요와 실기시험 준비에 필요한 이론적인 배경을 간단하게 설명하고, 중요한 내용을 고딕체로 정리하여 그 부분만 이해하여도 전체 내용을 쉽게 익힐 수 있도록 하였다.
> **2** 작업형 시험편에서는 공정시험기준 리뷰를 통하여 중요한 사항을 검토하였고, 실제 분석 예시와 보고서 작성방법을 통하여 작업형 시험에 대비할 수 있도록 하였다.
> **3** 구술형 시험편에서는 기존 기출문제를 상세하게 풀이하여 구술시험과 함께 작업형 시험의 보고서 작성에 대비할 수 있도록 하였다.
> **4** 부록편에는 1회에서 5회차 기출 실기시험 문제를 수록하여 수험생이 실제 시험문제의 구성에 친숙해지도록 하였다.

　　이 책은 시험 · 검사 분야에서 오랜 경험이 있는 수험생은 물론 경험이 부족한 수험생도 쉽게 이해할 수 있도록 내용과 해설을 자세하게 풀어냈으므로 필기시험 합격 후 단기간에 효율적으로 공부하는 데 많은 도움이 될 것이다.

　　끝으로 이 책이 모든 수험생에게 환경측정분석사 시험을 준비하는 데 좋은 길잡이가 되어 합격의 영광이 있기를 바라고, 책을 출간하는 과정에서 많은 도움을 주신 예문사 직원들에게 감사 인사를 전한다.

저자 일동

INFORMATION

01 실기시험 원서접수 방법

- 실기시험 원서접수 대상자 : 필기시험 면제 기간(합격자 발표로부터 2년 내에 있는 자)
- 접수기간 : 정기시험 페이지에서 확인 가능
- 접수방법 : 홈페이지 접속 → 정기시험 → 원서접수하기 → 검정종류 선택 → 접수하기 버튼 클릭 및 응시표 사진 등록 → 응시료 결제
  - 사진은 최근 6개월 내에 촬영한 탈모 상반신 사진파일(JPG)을 등록해야 함(용량기준 : 1MB, 가로 3.5cm × 세로 4.5cm)
  - ※ 원서접수가 완료되면 응시표를 출력하여 시험 당일 지참하여야 함
- 실기시험 응시수수료 : 150,000원(결제수수료 포함)

02 수험사항 통보

- 시험장소 : 국립환경인력개발원

검정종류	시험과목	소계	작업형		3) 구술형	비고
			1) 측정결과값	2) 숙련도 평가		
대기 (3과목)	일반항목분석	100점	60점	10점	30점	작업형 시험 중 작업 태도(기기훼손, 정리 정돈, 안전수칙 준수 여부 등)를 평가하여 과목별 총점에서 최대 10점까지 감점할 수 있음
	중금속분석	100점	60점	10점	30점	
	유기물질분석	100점	60점	10점	30점	
수질 (3과목)	일반항목분석	100점	60점	10점	30점	
	중금속분석	100점	60점	10점	30점	
	유기물질분석	100점	60점	10점	30점	

※ 실기시험(작업형)은 필기시험 합격자의 규모에 따라 시험횟수의 증가 및 일정의 변동이 있을 수 있음(실기시험 일정변경이 있을 경우 실기시험 원서접수 시 공고예정)

- 시험은 과목별로 미지시료의 농도를 정밀기기를 이용하여 분석하는 작업형과 해당분야(대기, 수질)의 측정분석능력 평가를 위한 질의 · 응답의 형태를 취하는 구술형으로 구분
  1) 미지시료의 농도를 정밀기기(일반항목 분석은 UV - VIS, 중금속 분석은 AAS, 유기물질

분석은 GC)를 이용하여 분석하고 측정결과값을 도출하는 과정의 실험절차 등에 대해 기술하는 것을 말함

2) 숙련도 평가는 작업형 시험 시 측정분석 숙련 정도를 평가하는 것을 말함

3) 구술형은 측정분석능력 평가를 위한 질의·응답을 말함

검정종류	시험과목	작업형	구술형	비고
대기	일반항목분석	4시간	20분	[시험시간] 1일차 : 09:00~17:00 / 2일차 : 09:00~17:30 작업형은 총 2일(16시간)간 시행
대기	중금속분석	4시간	20분	
대기	유기물질분석	8시간		
수질	일반항목분석	4시간	20분	
수질	중금속분석	4시간	20분	
수질	유기물질분석	8시간		

※ 구술형 부분합격자의 경우 응시 과목수에 따라 시간이 조정될 수 있음

03 합격기준 및 합격자 발표

• 합격기준 : 과목별 배점을 100점으로 하여 각 과목 점수가 60점 이상

• 합격자발표 : 합격자 발표는 실기시험이 시행된 뒤 공고된 날짜에 홈페이지에서 확인 가능 정기시험 → 합격자 발표 조회 메뉴에 접속하여 응시 회차 및 수험번호를 입력 후 합격자 조회 버튼 클릭

※ 필기시험 합격자는 합격자 발표일로부터 2년간 실기시험 응시 가능. 다만, 2년 이내에 실기시험이 실시되지 않은 경우에는 다음에 이어지는 1회의 실기시험에 한하여 필기시험을 다시 보지 않고 실기시험 응시 가능

04 실험장비 운용 매뉴얼

국립환경인력개발원 환경측정분석사[https://qtest.me.go.kr/]→환경측정분석사검정→실기시험 정보안내→ 실험장비 운용 매뉴얼에서 다운로드 가능
https://qtest.me.go.kr/qt/q/003/view2.do

이책의 차례

PART 01. 실기시험 개요

PART 02 작업형 시험

PART 03 구술형 시험

부록 실기시험 문제지(구술형/작업형) · 177

실기시험 개요

시험의 개요

1. 환경측정분석사 제도

「환경분야 시험·검사 등에 관한 법률」 제19조 및 「환경시험·검사발전 기본계획」 등에 의해 환경측정분석분야의 전문인력을 양성하는 것이다.

2. 환경측정분석사 제도의 목적

환경오염물질에 대한 정확한 측정·분석과 신뢰성 있는 결과를 도출하기 위하여 전문화된 측정·분석 기술인력을 양성하는 것이다.

3. 환경측정분석사의 주요역할

① 시험당당자의 역할 : 환경오염물질의 정확한 측정·분석
② 데이터 관리자의 역할 : 생산된 측정·분석결과의 원자료에 대한 검증
③ 기술책임 또는 품질책임의 역할 : 생산된 시험·검사 성적서와 관련 기록부에 서명 및 기록물의 관리

4. 실기시험 구성

① 실기시험은 작업형(70점)과 구술형(30점)으로 구성된다.
② 작업형은 실험보고서(60점)와 숙련도평가(10점)로 구성된다.
③ 평가항목은 일반항목분석(100점＝작업형 70점＋구술 30점), 중금속 분석(100점＝작업형 70점＋구술 30점), 유기물질분석(100점＝작업형 70점＋구술 30점)으로 구성된다.

5. 실기시험 평가

① 작업형은 2일간(16시간) 시행하며, 첫째 날에 일반항목과 중금속 분석을 실시하며, 둘째 날에 유기물질 분석을 실시한다. 시험조의 구성에 따라 첫째 날 분석항목과 둘째 날 분석항목이 바뀔 수 있다.
② 사용되는 분석기기는 UV−2600시마즈, novAA400F예나, GC7890AB에질런트이다.
③ 미지시료의 농도를 정밀분석(측정)기기를 이용하여 분석한다. 일반항목 분석은 UV−Vis., 중금속 분석은 AAS, 유기물질 분석은 GC를 사용한다.
④ 숙련도 평가는 작업형 시험 시 측정분석 숙련정도를 평가한다.
⑤ 구술형은 측정분석능력 평가를 위한 질의, 응답을 통한 평가를 말한다.
⑥ 구술형은 지정된 날에 과목당 10분 이내로 질의 응답 형식으로 일반항목, 중금속, 유기물질의 3과목에 대해 실시한다.

002 작업형 실기시험

1. 시험 문항 구성

작업형 실기시험은 주관식 형태의 문제 4문항과 응시실감독자의 현장숙련도 평가 1문항으로 총 5문항으로 구성된다.

(1) 〈문항 1〉

평가 대상 항목의 시험분석 일반사항에 대한 문항
- 해당 분석기기(UV-Vis, AAS, GC)의 구성 및 원리
- 해당 시험항목의 시험원리
- 전처리과정
- 시료채취 시 주의 사항
- 오차요인 등의 3 ~ 4문제로 구성

(2) 〈문항 2〉

평가 대상 항목의 시험분석과정에 대한 문항
- 표준용액 제조 및 검정곡선 작성 과정 기술
- 표준용액 제조 시 고려사항
- 기기분석 조건 및 분석 시 주의사항
- 정확도 및 정밀도를 구하는 문제 등의 2 ~ 3문제로 구성

(3) 〈문항 3〉

평가 대상 항목의 시험을 수행하고 시험분석보고서를 작성하고 단계별 원자료(raw data) 제출을 요구하는 문항
- 검정곡선 결과값 등
- 미지시료에 대한 농도값
- 정확도(회수율)와 정밀도 산출 등의 4 ~ 5문제로 구성

(4) 〈문항 4〉

수행한 시험 분석과정과 결과값에 대한 분석자의 종합적 고찰 문항

(5) 〈문항 5〉

　　감독자에 의한 응시자의 현장숙련도 평가

2. 실험 시 주의사항

① 실험은 분석자가 제한된 시간 내 시험분석과정을 직접 설계하여 수행한다.

② 기기분석에 사용되는 기기는 시간 제한 없이 사용이 가능하나 자외선 흡수분광기(UV-Vis.)와 원자흡수분광광도계(AAS)의 경우 응시자가 많으면 30분으로 제한될 수 있다.

③ 실험이 완료된 후 폐액은 주어진 장소에 처리하고, 유리기구 등은 수돗물을 이용하여 1차 세척하여 지정된 장소(후드 앞, 바구니에 담을 것)에 정리정돈은 필수이다.

④ 깨진 유리기구, 바이알을 포함한 1회용 유리기구와 남은 폐액은 주어진 장소에 처리하고 수돗물로 1차 세척하여, 지정된 장소에 처리한다.

⑤ 초자류를 깨지 않도록 주의한다.

⑥ 모든 시약의 분취 및 제조 시는 반드시 흄후드에서 수행한다.

⑦ 기타 실험실 안전에 주의한다.

3. 시험분석 보고서의 구성

(1) 일반항목(자외선/가시선 분광기, UV – VIS.)

▼ 총인, 총질소

구 분	농도(mg/L)		흡광도		계산값
(1) 검정곡선					$y = ax + b$ $a =$ $b =$ $r^2 =$

구 분	흡광도	농도 (mg/L)	희석배수	최종농도 (mg/L)	농도값 계산
(2) 측정용 미지시료 (발색시료수 : 개)					평균값(mg/L) = 상대표준편차(RSD%) =

구 분	표준용액 첨가량 /첨가시료량 (mL)	흡광도	농도 (mg/L)	희석 배수	최종농도 (mg/L)	농도값 계산
(3) 첨가시료 (발색시료수 : 개)						평균값(mg/L) = 상대표준편차(RSD%) = 회수율(%) =

▼ 암모니아성질소

구 분	농도(mg/L)	흡광도	계산값
(1) 검정곡선			$y = ax + b$ $a =$ $b =$ $r^2 =$

구 분	0.1 N 티오황산나트륨 용액 적정액량 (mL)	유효염소농도(%)	1% 용액제조시 넣은 양 (mL)
(2) 하이포염소산 나트륨 용액			

구 분	흡광도	농도 (mg/L)	희석배수	최종농도 (mg/L)	농도값 계산
(3) 측정용 미지시료 (발색시료수 : 개)					평균값(mg/L) = 상대표준편차(RSD%) =

구 분	표준용액 첨가량 /첨가시료량 (mL)	흡광도	농도 (mg/L)	희석 배수	최종농도 (mg/L)	농도값 계산
(4) 첨가시료 (발색시료수 : 개)						평균값(mg/L) = 상대표준편차(RSD%) = 회수율(%) =

(2) 중금속(원자흡수분광광도계, AAS)

구 분	농도(mg/L)	흡광도	계산값
(1) 검정곡선 (Linear)			$y = ax + b$ $a =$ $b =$ $r^2 =$

구 분	흡광도	농도 (mg/L)	희석배수	최종농도 (mg/L)	농도값 계산
(2) 측정용 미지시료 (분석횟수 : 개)					평균값(mg/L) = 상대표준편차(RSD%) =

구 분	표준용액 첨가량 /첨가시료량 (mL)	흡광도	농도 (mg/L)	희석 배수	최종농도 (mg/L)	농도값 계산
(3) 첨가시료 (전처리한 첨가시료수 : 개)						평균값(mg/L) = 상대표준편차(RSD%) = 회수율(%) =

※ 첨가농도 계산방법(AAS 농도) : 첨가시료 − 미지시료

(3) 유기물질(기체크로마토그래피, GC)

구 분	농도(mg/L)	면적 (Area)	계산값
(1) 검정곡선			$y=ax+b$ $a=$ $b=$ $r^2=$

구 분	면적 (Area)	농도 (mg/L)	희석배수	최종농도 (mg/L)	농도값 계산
(2) 측정용 미지시료 (분석횟수 : 3개)					평균값(mg/L) = 상대표준편차(RSD%) =

구 분	면적 (Area)	농도 (mg/L)	희석 배수	최종농도 (mg/L)	농도값 계산
(3) 첨가시료 (전처리한 첨가시료수 : 3개)					평균값(mg/L) = 상대표준편차(RSD%) = 회수율(%) =

4. 정도관리 요소

(1) 바탕시료

작업형 시험에서 사용되는 바탕시료는 **방법바탕시료(Method Blank)**로서 시료와 유사한 매질을 선택하여 추출, 농축, 정제 및 분석 과정에 따라 측정한 것을 말한다. 매질, 실험절차, 시약 및 측정 장비 등으로부터 발생하는 오염물질을 확인할 수 있다.

(2) 검정곡선

① 검정곡선은(Calibration Curve)은 **분석 대상 물질의 농도를 포함하도록** 범위를 설정하고, 검정곡선 작성용 표준용액은 **가급적 시료의 매질과 비슷하게** 제조하여야 한다.
② 작업형 실기시험에서 사용하는 검정곡선법은 **절대검정곡선법(External Standard Method)**을 사용하며, 검정곡선의 제조농도는 3개 ~ 5개가 되도록 한다.

(3) 정밀도(Precision)

시험분석 결과의 반복성을 나타내는 것으로 반복 시험하여 얻은 결과를 **상대표준편차(RSD, Relative Standard Deviation)**로 나타내며, 연속적으로 n회 측정한 결과의 평균값($\bar{x}$)과 표준편차(s)로 구한다.

$$\text{정밀도 (\%)} = \frac{s}{x} \times 100$$

(4) 정확도(Accuracy)

시험분석 결과가 **참값에 얼마나 근접하는가**를 나타내는 것으로 동일한 매질의 인증시료를 확보할 수 있는 경우에는 표준절차서(SOP ; Standard Operational Procedure)에 따라 인증표준물질을 분석한 결과값(C_M)과 인증값(C_C)과의 상대백분율로 구한다. 인증시료를 확보할 수 없는 경우에는 해당 표준물질을 첨가하여 시료를 분석한 **분석값(C_{AM})**과 첨가하지 않은 시료의 분석값(C_S)과의 차이를 첨가 농도(C_A)의 상대백분율 또는 회수율로 구한다.

작업형 실기시험의 경우 인증표준물질 대신 표준물질을 첨가하는 방법으로 정확도를 구하도록 한다.

$$\text{정확도 (\%)} = \frac{C_M}{C_C} \times 100 = \frac{C_{AM} - C_S}{C_A} \times 100$$

작업형 시험

자외선/가시선 분광광도계(흡광광도계 ; UV/VIS.)

1. 원리 및 적용범위

이 시험방법은 빛이 시료용액 층을 통과할 때 흡수나 산란 등에 의하여 강도가 변화하는 것을 이용하는 것으로서 시료물질의 용액 또는 여기에 적당한 시약을 넣어 발색(發色)시킨 용액의 흡광도를 측정하여 시료 중의 목적성분을 정량하는 방법으로 파장 200 ~ 900 nm에서의 액체의 흡광도를 측정함으로써 수중의 각종 오염물질 분석에 적용한다.

(1) 램버트 – 비어 법칙

램버트 – 비어 법칙은 용액의 농도와 흡광도는 비례한다는 원리이다.

강도 I_o 되는 단색광선이 농도 c, 길이 l 되는 용액층을 통과하면 이 용액에 빛이 흡수되어 입사광의 강도가 감소한다. 통과한 직후의 빛의 강도 I_t와 I_o 사이에는 램버트 – 비어(Lambert – Beer)의 법칙에 의하여 다음의 관계가 성립된다.

$$I_t = I_o \cdot 10^{-\varepsilon cl}$$

여기서, I_o : 입사광의 강도

　　　　I_t : 투사광의 강도

　　　　c : 농도

　　　　l : 빛의 투과거리

　　　　ε : 비례상수로서 흡광계수라 하고, $c = 1$ mol, $l = 10$ mm일 때의 ε의 값을 몰흡광계수라 하며 K로 표시한다.

I_t와 I_o의 관계에서 $\dfrac{I_t}{I_o} = t$를 투과도, 이 투과도를 백분율로 표시한 것

즉, $t \times 100 = T$를 투과 퍼센트라 하고 투과도의 역수의 상용대수

즉, $\log \dfrac{l}{t} = -\log t = A$를 흡광도라 한다.

램버트 – 비어의 법칙은 대조액층을 통과한 빛의 강도를 I_o, 측정하려고 하는 액층을 통과한 빛의 강도를 I_t로 했을 때도 똑같은 식이 성립하기 때문에 정량이 가능한 것이다.

대조액층으로는 보통 용매 또는 바탕시험액을 사용하며 이것을 대조액이라 한다.

흡광도를 이용한 램버트 – 비어의 법칙을 식으로 표시하면 $A = \varepsilon cl = abC[b$: 시료의 두께＝빛의 투과거리]가 되므로 농도를 알고 있는 표준액에 대하여 흡광도를 측정하고 흡광계수(ε)를 구해 놓으면 시료액에 대해서도 같은 방법으로 흡광도를 측정함으로써 정량을 할 수가 있다.

그러나 실제로는 ε를 구하는 대신에 농도가 다른 몇 가지 표준액을 사용하여 시료액과 똑같은 방법으로 조작하여 얻은 검량선으로부터 시료 중의 목적성분을 정량하는 것이 보통이다.

(2) 장치

① 구성 : 광원부, 파장선택부, 시료부 및 측광부로 구성

| 광원부 | 파장선택부 | 시료부 | 측광부 |

② 광원부 : 가시부와 근적외부의 광원으로는 주로 텅스텐램프를 사용하고 자외부의 광원으로는 주로 중수소 방전관을 사용한다.

③ 파장선택부 : 단색화장치(Monochrometer) 또는 거름종이를 사용. 단색화장치로는 프리즘, 회절격자. 거름종이에는 색유리 거름종이, 젤라틴 거름종이, 간접거름송이 등이 사용된다.

④ 시료부 : 시료부에는 일반적으로 시료액을 넣는 흡수셀(Cell, 시료셀)과 대조액을 넣는 흡수셀(대조셀)이 있고 이 셀을 보호하기 위한 지지대와 이것을 광로에 올려놓을 시료실로 구성된다.

⑤ 측광부 : 광전측광에는 광전관, 광전자증배관, 광전도셀 또는 광전지 등을 사용. 광전관, 광전자증배관을 주로 자외 내지 가시 파장 범위에서, 광전도셀을 근적외 파장범위에서, 광전자는 주로 가시파장 범위에서의 광전측광에 사용한다.

⑥ 흡수셀 : 흡수셀은 일반적으로 1 cm(10 mm)의 것을 사용하며, 재질로는 유리, 석영, 플라스틱 등 사용. 유리제는 가시 및 근적외부, 석영제는 자외부 파장범위, 플라스틱제는 근적외부 파장범위를 측정할 때 사용한다.

2. 측정

(1) 측정방법

① 측정 전 최소 30분 전 기기의 전원을 켜서 기기를 안정화시킨다.
② 전산처리장치(컴퓨터)를 켜서 운영 프로그램을 가동시킨다.
③ 분석파장을 입력한다.
④ 대조액은 특별한 규정이 없는 경우에는 정제수를 사용한다.
⑤ 표준용액을 이용하여 검정곡선을 작성한다.
⑥ 시료의 흡광도를 측정한다.
⑦ 검정곡선과 시료의 흡광도를 이용하여 시료 중의 농도를 구한다.

(2) 흡수셀 준비

① 시료액의 흡수파장이 약 370 nm 이상일 때는 석영 또는 경질유리 흡수셀을 사용하고 약 370 nm 이하일 때는 석영흡수셀을 사용한다.

② 따로 흡수셀의 길이(l)를 지정하지 않았을 때는 10 mm 셀을 사용한다.

③ 시료셀에는 시험용액을, 대조셀에는 따로 규정이 없는 한 증류수를 넣는다. 넣고자 하는 용액으로 흡수셀을 씻은 다음 적당량(셀의 약 8부까지)을 넣고 외면이 젖어 있을 때는 깨끗이 닦는다. 필요하면(휘발성 용매를 사용할 때와 같은 경우) 흡수셀에 마개를 하고 흡수셀에 방향성(方向性)이 있을 때는 항상 방향을 일정하게 하여 사용한다.

④ 흡수셀은 미리 깨끗하게 씻은 것을 사용한다.

3. 정량방법

(1) 검정곡선 작성

검정곡선은 표준액의 여러 가지 농도에 대하여 적당한 대조액을 사용하며 흡광도를 측정하고 표준액의 농도를 횡축, 흡광도를 종축에 취하여 그래프 용지 위에 양자의 관계선을 구하여 작성한다.

① 표준액 : 표준액 농도는 시험용액 중의 분석하려는 성분의 추정농도와 거의 같은 농도범위로 제조한다.

② 대조액 : 일반적으로 용매를 사용하며 분석하려는 성분이 들어 있지 않은 같은 종류의 시료를 사용하여 규정된 방법에 따라 제조한다.

(2) 측정조건 검토

① 측정파장은 원칙적으로 최고의 흡광도가 얻어질 수 있는 최대 흡수파장을 선정한다. 단, 방해성분의 영향, 재현성 및 안정성 등을 고려하여 차선의 측정파장 또는 거름종이를 선정하는 수도 있다.

② 대조액은 용매, 바탕시험액 기타 적당한 용액을 선정한다.

③ 측정된 흡광도는 0.2 ~ 0.8의 범위에 들도록 시험용액의 농도 및 흡수셀의 길이를 선정한다.

④ 부득이 흡광도를 0.1 미만에서 측정할 때는 눈금 확대기를 사용하는 것이 좋다.

암모니아성질소

⋯01 공정시험기준 리뷰

1 암모니아성질소 – 수질

1. 개요

이 시험기준은 물속에 존재하는 암모니아성 질소를 측정하기 위하여 암모늄이온이 하이포염소산의 존재 하에서, 페놀과 반응하여 생성하는 인도페놀의 청색을 630 nm에서 측정하는 방법이다.

2. 시약 및 표준용액

(1) 시약

① 나이트로프루시드나트륨용액(0.15 %)

나이트로프루시드나트륨 · 2수화물(sodium nitroprusside, $Na_2(Fe(CN)_5NO) \cdot 2H_2O$, 분자량 : 259.94) 0.15 g을 정제수에 녹여 100 mL로 한다. 암소에 보관하여 제조 후 1개월 이내에 사용한다.

② 나트륨페놀라이트용액(12.5 %)

페놀(phenol, C_6H_5OH, 분자량 : 94.11) 25.0 g을 수산화나트륨용액(20 %) 55 mL에 녹이고 정치하여 식힌 다음 아세톤 6 mL와 정제수를 넣어 200 mL로 한다. 사용 시 제조한다.

③ 전분용액

④ 수산화나트륨용액(20 %)

수산화나트륨 20 g을 정제수에 녹여 100 mL로 한다.

⑤ 아세톤(acetone, CH_3COCH_3, 분자량 : 58.09)

⑥ 요오드화칼륨(potassium iodide, KI, 분자량 : 166.00)

⑦ 티오황산나트륨용액(0.05 M)

티오황산나트륨(sodium thiosulfate, $Na_2S_2O_3 \cdot 5H_2O$, 분자량 : 248.18) 12.409 g을 1 L 정제수에 용해하여 제조한다.

⑧ 하이포염소산나트륨(암모니아 질소 시험용)용액(1 %)

하이포염소산나트륨(sodium hypochlorite, NaOCl, 분자량 : 74.44)용액의 유효염소 농도를 측정하여 유효염소로서 1 g에 해당하는 부피(mL)의 용액을 취하여 정제수에 넣어 100 mL로 한다. 하이포염소산나트륨용액은 사용할 때마다 제조한다.

⑨ 황산용액(0.5 M)

황산 30 mL를 정제수 1 L 중에 천천히 넣어 섞은 후 식힌 다음 사용한다.

(2) 표준용액

① 표준원액(100 mg/L)

100 ℃에서 건조한 무수염화암모늄(anhydrous NH4Cl, anhydrous ammonium chloride, 분자량 : 53.49) 0.3819 g을 정제수에 녹인 후, 1 L로 희석한다.

② 표준용액(5 mg/L)

표준원액(100 mg/L) 25 mL를 정확히 취한 후, 정제수를 넣어 500 mL로 한다.

3. 정도보증/정도관리(QA/QC)

▼ 정도관리 목표값

정도관리 항목	정도관리 목표
정량한계	0.01 mg/L
검정곡선	결정계수(R^2) ≥ 0.98 또는 감응계수(RF)의 상대표준편차 ≤ 25 %
정밀도	상대표준편차가 ± 25 % 이내
정확도	75 % ~ 125 %

4. 분석절차

(1) 시료 및 검정곡선용 표준용액 제조

① 50 mL 부피플라스크에 암모니아성 질소 표준용액(5 mg /L) 0 mL ~ 10 mL를 단계적으로 취하여 넣고, 정제수를 첨가하여 액량을 30 mL가 되게 한다. 단, 표준용액은 바탕용액을 제외하고 3개 이상 제조해야 하며 필요에 따라 사용하는 표준용액의 양을 달리할 수 있다.

② 미지시료와 첨가시료를 제조한다.

(2) 유효염소 농도의 측정

하이포염소산나트륨용액 10 mL를 200 mL 부피플라스크에 넣고 정제수를 넣어 표선을 채운 다음 이 용액 10 mL를 취하여 삼각플라스크에 넣고 정제수 용액의 부피를 100 mL로 맞춘다. 요오드화칼륨 1 g ~ 2 g 및 아세트산(1 + 1) 6 mL를 넣어 밀봉하고 흔들어 섞은 다음 어두운 곳에 약 5분간 방치하고 전분용액을 지시약으로 하여 티오황산나트륨용액(0.05 M)으로 적정한다. 따로 정제수 10 mL를 취하여 바탕시험을 실시하여 보정한다.

$$\text{유효염소량 (\%)} = a \times f \times \frac{200}{10} \times \frac{1}{V} \times 0.001773 \times 100$$

여기서, a : 티오황산나트륨용액(0.05 M)의 소비량 (mL)
$\quad\quad\;\; f$: 티오황산나트륨용액(0.05 M)의 농도계수
$\quad\quad\;\; V$: 하이포염소산나트륨 용액을 취한 양 (mL)

(3) 검정곡선 작성

① 제조된 표준용액을 준비한다.
② 분석방법에 따라 시험하여 암모니아성 질소의 양과 흡광도와의 검정곡선을 작성한다.
※ 검정곡선용 표준용액 측정은 시료 측정과 함께하며, 순서는 시료측정 앞에 한다.

(4) 분석방법

① 시료 적당량(암모니아성 질소로서 0.04 mg 이하 함유)을 취하여 50 mL 부피플라스크에 넣고 정제수를 넣어 액량을 30 mL로 한다.
② 나트륨 페놀라이트용액(0.125 %) 10 mL와 나이트로프루시드나트륨용액(0.15 %) 1 mL를 넣고 조용히 섞는다.
③ 하이포염소산나트륨용액(1 %) 5 mL를 넣어 조용히 섞는다.
④ 정제수를 넣어 표선까지 채운 다음 용액의 온도를 20 ℃ ~ 25 ℃로 하여 약 30분간 방치하고 이 용액의 일부를 층장 10 mm 흡수셀에 옮겨 시료용액으로 한다.
⑤ 따로 정제수 30 mL를 취하여 시료의 시험방법에 따라 시험하여 바탕시험액으로 한다.
⑥ 바탕시험용액을 대조액으로 하여 630 nm에서 시료 용액의 흡광도를 구하고 미리 작성한 검정곡선으로 암모니아성 질소의 양을 구하여 농도를 계산한다.

(5) 결과보고

① 농도계산

검정곡선은 농도에 대한 흡광도로 작성한다. 시료의 농도는 표준용액의 흡광도에 대한 시료의 흡광도를 비교하여 계산한다.

$$암모니아성\ 질소\ (\mathrm{mg/L}) = \frac{(y-b)}{a} \times I$$

여기서, y : 시료의 흡광도
b : 검정곡선의 절편
a : 검정곡선의 기울기
I : 시료의 희석배수

② 시험분석보고서를 작성한다.

2 암모니아성질소 – 먹는물

1. 측정 원리

이 시험방법은 먹는물, 샘물 및 염지하수 중에 암모늄을 측정하는 방법으로서 시료의 **암모늄이온**이 차아염소산의 공존 하에서 페놀과 반응하여 생성하는 인도 페놀의 청색을 640 nm에서 측정하는 방법이다.

▼ 수질 시험법의 측정파장

암모늄이온이 하이포염소산(차아염소산)의 존재 하에서, 페놀과 반응하여 생성하는 인도페놀의 청색을 630 nm에서 측정한다.

2. 간섭물질

① 시험에 사용하는 정제수는 실험실 환경에서 가스형태의 암모니아에 쉽게 오염될 수 있으므로 가급적 분석 직전 증류 또는 탈염(이온교환수지로 탈염정제)과정을 거친다.
② 잔류염소가 존재하면 정량을 방해하므로 시료를 **증류**하기 전에 **아황산나트륨용액** 등을 첨가해 잔류염소를 제거한다.
③ Ca^{2+}, Mg^{2+} 등에 의한 발색 시 침전물이 생성될 수도 있다. 이러한 경우에는 **원심분리**한 다음 흡광도를 측정하거나 또는 시료를 전처리 후 재시험 한다.
④ 시료가 탁하거나 착색물질 등의 방해물질이 함유되어 있는 경우에는 증류하여 그 유출액으로 시험한다.

3. 시약 및 표준용액

(1) 시약

① 페놀니트로프루싯나트륨용액

페놀(phenol, C_6H_5OH, 분자량 : 94.11) 5 g 및 나이트로프루싯나트륨(sodium nitroprusside dihydrate, $Na_2[Fe(CN)_5NO] \cdot 2H_2O$, 분자량 : 297.95) 25 mg을 정제수에 녹여 500 mL로 한다. 차고 어두운 곳에 보존하고 1개월 내에 사용한다.

② 티오황산나트륨용액(0.05 M)

티오황산나트륨 · 5수화물(sodium thiosulfate pentahydrate, $Na_2S_2O_3 \cdot 5H_2O$, 분자량 : 248.21) 12.41 g을 정제수에 녹여 1 L로 하여 제조한다.

③ 차아염소산나트륨

차아염소산나트륨(sodium hypochlorite, $NaClO$, 분자량 : 74.44) (100/c) mL (c는 유효 염소농도 %) 및 수산화나트륨(sodium hydroxide, $NaOH$, 분자량 : 40.00) 15 g을 물에 녹여 1 L로 하며, 사용 시 제조한다.

④ 전분용액

⑤ 아세트산(1 + 1)

⑥ 요오드화칼륨

(2) 표준용액

① 표준원액(100 mg/L)

염화암모늄(ammonium chloride, NH_4Cl, 분자량 : 53.49) 0.3819 g을 정제수에 녹여 1 L로 한다. 이 용액 1 mL는 암모니아성질소 0.1 mg을 함유한다.

② 표준용액(1.0 mg/L)

암모니아성질소표준원액을 물로 100배 희석하며, 사용할 때에 제조한다. 이 용액 1 mL는 암모니아성질소 0.001 mg을 함유한다.

4. 정도보증/정도관리(QA/QC)

▼ 정도관리 목표값

정도관리 항목	정도관리 목표
정량한계	0.01 mg/L
검정곡선	결정계수(R^2) ≥ 0.98 또는 감응계수(RF)의 상대표준편차 ≤ 15 %
정밀도	상대표준편차가 ± 20 % 이내
정확도	80 % ~ 120 %
현장이중시료	상대편차백분율이 ± 20 % 이내

5. 분석절차

(1) 시료 및 검정곡선용 표준용액 제조

① 10 mL 부피플라스크에 암모니아성 질소 표준용액(1.0 mg /L) 0, 0.5, 1.0, 2.0, 4.0, 5.0 mL를 단계적으로 취하여 넣고, 정제수로 표선에 맞춘다. 제조된 표준용액의 농도는 0, 0.05, 0.10, 0.20, 0.40, 0.50 mg/L이다.

② 미지시료와 첨가시료를 제조한다.

(2) 유효염소 농도의 측정

차아염소산나트륨용액 10 mL를 200 mL 부피플라스크에 넣고 정제수를 넣어 표선까지 채운다음 이 액 10 mL를 취하여 삼각플라스크에 넣고 정제수를 넣어 약 100 mL로 한다. 요오드화칼륨 1 g ~ 2 g 및 아세트산(1 + 1) 6 mL를 넣어 밀봉하고 흔들어 섞은 다음 암소에 약 5분간 방치하고 전분용액을 지시약으로 하여 티오황산나트륨용액(0.05 M)으로 적정한다. 따로 정제수 10 mL를 취하여 바탕시험을 하고 보정한다.

$$\text{유효염소농도 (\%)} = a \times \frac{1}{V} \times 3.546$$

여기서, a : 티오황산나트륨용액(0.05 M)의 소비량 (mL)
V : 차아염소산나트륨용액의 부피 (mL)

(3) 검정곡선 작성

① 제조된 표준용액을 준비한다.

② 분석방법에 따라 시험하여 암모니아성 질소의 양과 흡광도와의 검정곡선을 작성한다.

※ 검정곡선용 표준용액 측정은 시료 측정과 함께하며, 순서는 시료측정 앞에 한다.

(4) 분석방법

① 시료 10 mL(암모니아성 질소로서 0.01 mg 이하 함유)을 취하여 마개 있는 시험관에 넣고 페놀니트로프루싯나트륨용액 5 mL를 넣은 후, 마개를 닫고 조용히 흔들어 혼합한다.

② 시료용액에 차아염소산나트륨용액 5 mL를 넣어 다시 마개를 닫고 조심스럽게 흔들어 섞은 후 25 ~ 30 ℃에서 60분간 둔다.

③ 이 용액의 일부를 흡수셀(10 mm)에 넣고 자외선/가시선 분광광도계를 사용하여 시료와 같은 방법으로 시험한 바탕시험액을 대조액으로 하여 파장 640 nm 부근에서 흡광도를 측정하고, 작성한 검정곡선으로부터 시험용액 중의 암모니아성질소의 양을 구하여 시료 중의 암모니아성질소의 농도를 측정한다.

(5) 결과보고

① 농도계산

암모니아성질소의 측정값을 검정곡선식의 $y(i)$값에 대입하여 $x(i)$값을 계산하면 암모니아의 농도(C_s, mg/L)를 구할 수 있다.

$$C_s \ (\text{mg/L}) = \frac{A_x - b}{a}$$

여기서, A_x : 분석물질의 피크 면적(시료의 흡광도)

a : 검정곡선의 기울기

b : 검정곡선의 절편 값

C_s : 분석물질의 농도 (mg/L)

② 시험분석보고서를 작성한다.

⋯02 암모니아성 질소 – 먹는물 분석 예시

1. 암모니아성질소 표준원액 제조하기

① 표준용액 원액을 만들기 위해서 염화암모늄 0.3819 g을 정확히 저울로 단다.

② 염화암모늄 0.3819 g을 1 L 부피플라스크에 넣는다.

③ 이때 염화암모늄이 시약지에 묻어 있으면 정제수를 이용하여 씻어 넣는다.

④ 정제수로 표선까지 정확히 채운다.

⑤ 플라스크에 마개를 닫고 흔들어 용액이 균질하게 되도록 한다.

2. 하이포염소산나트륨(차아염소산나트륨)용액(1 %) 제조

① 하이포염소산나트륨용액 10 mL를 부피 피펫을 이용하여 정확히 분취하여 미리 정제수를 2/3 정도 채운 1 L 부피플라스크에 넣는다.

② 수산화나트륨 15 g을 정확히 저울로 재어 넣는다. 이때 수산화나트륨이 시약지에 묻어 있으면 정제수 즉 초순수를 이용하여 씻어서 넣는다.

③ 부피플라스크를 잘 흔들어 시약을 녹인다.

④ 용액이 투명해지면 처음에는 정제수로 표선까지 정확히 채운다.

⑤ 플라스크에 마개를 닫고 흔들어 용액이 균질하도록 한다.

3. 페놀니트로프루싯나트륨용액 제조

① 미리 페놀을 중탕 등으로 가열하여 액상으로 만든다.

② 100 mL 비어커에 정제수를 약 10 ~ 30 mL 넣고 저울에 올려 영점을 잡는다.

③ 여기에 액상 페놀 5 g을 잰다.

④ 이 용액을 500 mL 부피플라스크에 넣는다.

⑤ 비커를 정제수로 씻어 넣는다.

⑥ 나이트로프루싯나트륨 25 mg(0.0025 g)을 저울로 정확히 단다.

⑦ 나이트로프루싯나트륨 25 mg을 500 mL 부피플라스크에 넣는다. 이때 나이트로프루싯나트륨이 시약지에 묻어 있으면 정제수를 이용하여 씻어서 넣는다.

⑧ 정제수로 표선까지 정확히 채운다.

⑨ 플라스크에 마개를 닫고 흔들어 용액이 균질하게 되도록 한다.

4. 시료 및 검정곡선용 표준용액 제조

① 표준원액 100 mg/L를 100배 희석하여서 1 mg/L로 만든다.

② 표준용액을 0.5 mL, 1.0 mL, 2.0 mL, 3.0 mL, 4.0 mL, 5.0 mL씩 각각 취하여 10 mL 부피 플라스크에 넣는다. 그리고 주어진 표준용액을 이용하여 미지시료와 첨가시료도 제조한다.

③ 정제수로 표선까지 정확히 채운다.

④ 플라스크에 마개를 닫고 흔들어 용액이 균질하게 되도록 한다.

5. 발색

① 50 mL 시험관 또는 코니칼 튜브에 바탕시험용액, 표준용액, 시료를 각각 10 mL씩 넣는다.

② 제조한 페놀니트로프루싯나드륨용액을 100 mL 비커에 약 100 mL 붓는다.

③ 비커에 있는 페놀니트로프루싯나트륨 용액을 피펫을 이용 5 mL씩 바탕시료, 표준용액, 시료에 각각 넣는다.

④ 제조한 차아염소산나트륨용액을 100 mL 비커에 약 100 mL 붓는다.

⑤ 비커에 있는 차아염소산나트륨용액을 피펫을 이용 5 mL씩 바탕시료, 표준용액, 시료에 각각 넣는다.

⑥ 다시 마개를 닫고 조심스럽게 흔들어 섞은 후 25 ~ 30 ℃에서 60분간 방치해 두어 발색을 시킨다. 이때 발색된 용액의 색깔은 푸른색을 띤다.

6. 측정

① 미리 켜둔 자외선/가시선 분광광도계(UV-Vis.)의 컴퓨터에서 해당 프로그램을 클릭하여 프로그램을 불러온다.

② Method(측정파장, 검정곡선의 종류 등), Sequence(sample list : 표준용액 개수, 시료수 등)를 작성한다.

③ 분석 method를 불러서 바탕시료를 대조액으로 하여 바탕시료, 표준용액 1, 2, 3, 4, 5, 시료의 순으로 측정한다.

　[주의] 흡수셀의 불투명한 면을 손으로 잡고 투명한 부분을 킴와이프로 깨끗이 닦는다. 그리고 투명한 면으로 빛이 통과하도록 흡수셀을 시료부에 넣고 뚜껑을 닫는다.

④ 프로그램을 이용하여 검정곡선(calibration)을 그리고 표준용액의 흡광도, 바탕시료의 농도, 시료의 농도, 결정계수(R^2), 추세선식을 확인한다.

　[주의] 주의사항으로 반드시 자신이 측정한 것을 자신에게 주어진 파일명으로 저장을 한다.

⑤ 모든 결과는 인쇄를 하고 시험보고서를 작성한다. 결과물(원자료)은 시험보고서 제출 시 함께 제출한다.

암모니아성질소 보고서 작성 방법

01
5점

평가항목의 시험분석 일반사항에 대해 답하시오.

(1) Lambert – Beer 법칙에 대하여 간단히 설명하시오.

> **풀이** 구술시험 및 자외선/가시선 분광광도계(흡광광도계; UV/VIS.) 1. Lambert – Beer 법칙 참조

(2) 흡광광도 분석장치의 주요 구성 요소에 대하여 간단히 설명하시오.

> **풀이** 자외선/가시선 분광광도계(흡광광도계; UV/VIS.) 2. 장치 참조

(3) 본 실험 방법에서 발생 가능한 오차요인을 설명하시오.

> **풀이** 1. 공정시험기준 리뷰 : 암모니아성질소 시험[수질, 먹는물]의 2. 간섭물질 참조
> 2. 시험을 수행하면서 발생 가능한 오차요인 기술

(4) 인도페놀의 생성 원리를 화학반응과정으로 설명하시오.

> **풀이** 공정시험기준 리뷰 : 1. 암모니아성질소 측정원리 참조

02
5점

평가항목의 시험 분석과정에 대해 답하시오.

(1) 표준용액 조제와 검정곡선 작성(영점제외 3 points) 과정을 기술하시오.

> **풀이** 시험자가 수행한 검정곡선 작성용 표준용액 제조 과정을 공정시험기준을 기초로 상세히 기술

(2) 정확도와 정밀도를 구하는 과정과 의미를 기술하시오.

> **풀이** 1. 정도관리요소 : 정확도, 정밀도 참조
> 2. 결과값 작성 시 수식과 함께 결과값 작성
> 3. 원자료는 기기(분석)조건, 작성된 검정곡선, 미지시료, 첨가시료 분석결과 자료 제출

03 [문항1, 2]에서 작성한 시험분석과정을 수행하고, 시험분석보고서 양식에 따라 결과값을 작성하여
40점 제출하시오. 제출 시 단계별로 기기 원 분석자료(raw data)를 함께 첨부하시오.

(1) 제공된 표준원액(100 mg/L)을 이용하여 검정곡선(영점 제외 3 points)을 작성하시오.

- 검정곡선 결과값(mg/L, 소수점 이하 셋째 자리까지 표기)을 구하고, raw data를 함께 제출하시오.

풀이 검정곡선식, 검정곡선의 R²값, 검정곡선 작성에 사용된 표준용액의 농도 및 흡광도를 기술하고 관련 원자료를 첨부하여 제출

- 하이포염소산나트륨 유효염소농도(%)와 용액제조 시 넣은 양(mL)을 구하시오. (자동뷰렛, 뷰렛 또는 메스피펫 등을 이용하여 실험하시오)

풀이 공정시험기준의 하이포염소산나트륨 유효염소농도(%)를 참조하여 유효염소농도를 구한다.

(2) 미지시료에 대한 농도값(mg/L)을 전처리(증류) 없이 구하시오.
- 실험에 앞서 제공된 미지시료를 반드시 증류수로 50배 희석하여 3개의 측정용 시료로 조제하시오. (단, 측정용 시료의 50배 희석 후 농도 범위는 1.0~4.0 mg/L로 추가 희석은 수험자의 판단하에 수행한다)

- 산출식 및 산출과정을 답안지에 자세히 기술하시오.

풀이 희석방법을 간단히 기술하고, 산출식, 결과값을 함께 기술한다.

(3) 정제수에 정량한계의 1~10배가 되도록 동일하게 표준물질을 첨가한 시료를 4개 이상 준비하여, 정확도와 정밀도를 구하시오.

풀이 정확도와 정밀도를 관계식과 측정값을 이용하여 구한다. 반드시 관계식과 수식을 결과값과 함께 기술한다.

(4) 기타 미지시료의 농도 산정을 위해 고려한 사항(ex. 방법바탕시료)이 있을 경우 이에 대해 기술하시오.

04 응시자가 수행한 시험 분석과정과 그 결과값에 대해 종합적으로 고찰하시오.

10점

풀이 시험자가 수행한 분석과정과 결과값을 정도관리 목표값과 비교하고, 오차 발생요인 등을 기술한다.

05 각 응시실 감독자가 응시자의 시험 분석과정에 대한 현장숙련정도 평가 실시

10점

(응시자는 5번 문항 답안을 작성하지 않습니다.)

01 공정시험기준 리뷰

1. 측정원리

이 시험방법은 물속에 존재하는 총질소를 측정하기 위하여 시료 중 모든 질소화합물을 알칼리성과황산칼륨을 사용하여 120 ℃ 부근에서 유기물과 함께 분해하여 질산이온으로 산화시킨 후 산성상태로 하여 흡광도를 220 nm에서 측정하여 총질소를 정량하는 방법이다.

(1) 적용범위

비교적 분해되기 쉬운 유기물을 함유하고 있거나 자외부에서 흡광도를 나타내는 브롬이온이나 크롬을 함유하지 않는 시료에 적용된다.

(2) 간섭물질

자외부에서 흡광도를 나타내는 모든 물질이 분석을 방해할 수 있으며 특히, 브롬이온 농도 10 mg/L, 크롬 농도 0.1 mg/L 정도에서 영향을 받으며 해수와 같은 시료에는 적용할 수 없다.

2. 시약 및 표준용액

(1) 시약

① 알칼리성과황산칼륨용액(3 %)

정제수 500 mL에 수산화나트륨(sodium hydroxide, NaOH, 분자량 : 40.00, 질소함량 0.0005 % 이하) 20 g을 넣어 녹인 다음 과황산칼륨(potassium persulfate, $K_2S_2O_8$, 분자량 : 270.32, 질소 함량 0.0005 % 이하) 15 g을 넣어 녹인다. 이 용액은 사용할 때 제조한다.

② 염산(1 + 16)

정제수 160 mL에 진한 염산(hydrochloric acid, HCl, 분자량 : 36.46, 비중 : 1.18, 함량 : 36.5 % ~ 38 %) 10 mL를 넣어 혼합한다.

③ 염산(1 + 500)

정제수 500 mL에 진한 염산(hydrochloric acid, HCl, 분자량 : 36.46, 비중 : 1.18, 함량 : 36.5 % ~ 38 %) 1 mL를 넣어 혼합한다.

(2) 표준용액

① 표준원액(100 mg/L)

미리 105 ℃ ~ 110 ℃에서 4시간 건조한 질산칼륨(potassium nitrate, KNO_3, 분자량 : 101.10) 0.7218 g을 정밀히 달아 정제수에 녹여 1 L로 한다.

② 표준용액(20 mg/L)

표준원액(100 mg/L) 20 mL를 정확히 취하여 정제수를 넣어 100 mL로 한다.

3. 정도보증/정도관리(QA/QC)

▼ 정도관리 목표값

정도관리 항목	정도관리 목표
정량한계	0.1 mg/L
검정곡선	결정계수(R^2) ≥ 0.98 또는 감응계수(RF)의 상대표준편차 ≤ 25 %
정밀도	상대표준편차가 ± 25 % 이내
정확도	75 % ~ 125 %

4. 분석절차

(1) 시료 및 검정곡선용 표준용액 제조

① 표준용액(20 mg/L) 0 mL ~ 10 mL를 단계적으로 취하여 100 mL 부피플라스크에 넣고 정제수를 넣어 표선을 채운다. 단, 표준용액은 바탕용액을 제외하고 3개 이상 제조해야 한다.
② 미지시료와 첨가시료를 제조한다.

(2) 전처리

① 시료 50 mL(질소함량이 0.1 mg 이상일 경우에는 희석)를 100 mL 분해병에 넣는다.
② 알칼리성과황산칼륨 용액 10 mL를 넣고 마개를 닫고 흔들어 섞는다.
③ 고압증기멸균기에서 약 120 ℃가 될 때부터 30분간 가열 분해하고 분해병을 꺼내어 냉각한다.

(3) 검정곡선 작성

① 단계별로 제조된 표준용액을 준비한다.
② 이 용액 25 mL씩을 정확히 취하여 각각 50 mL 비커 또는 비색관에 넣고 염산(1 + 500) 5 mL를 넣은 다음 시료의 분석방법에 따라 시험하고 질소의 양과 흡광도와의 관계선을 작성한다.
※ 검정곡선용 표준용액 측정은 시료 측정과 함께하며, 순서는 시료측정 앞에 한다.

(4) 미지시료 및 첨가시료 분석

① 전처리한 시료의 상층액을 취하여 유리섬유여과지(GF/C)로 여과하고 처음 여과용액 5 mL ~ 10 mL는 버린 다음 여과용액 25 mL를 정확히 취하여 50 mL 비커 또는 비색관에 옮긴다.

② 여기에 염산(1 + 16) 5 mL를 넣어 pH 2 ~ 3으로 하고 이 용액의 일부를 10 mm 층장 흡수셀에 옮겨 시료 용액으로 한다.

③ 따로 정제수 50 mL를 취하여 시료의 시험방법에 따라 시험하고 바탕시험용액으로 한다.

④ 바탕시험용액을 대조액으로 하여 220 nm에서 시료 용액의 흡광도를 측정하고 미리 작성한 검정곡선으로부터 질소의 양을 구한다.

(5) 결과보고

① 농도계산

미리 작성한 절대검정곡선으로부터 질소의 양을 구하여 다음 식으로 시료 중의 총 질소 농도를 산출한다.

$$\text{총 질소 (mg/L)} = a \times \frac{60}{25} \times \frac{1{,}000}{V}$$

여기서, a : 검정곡선으로부터 구한 질소의 양 (mg)
V : 전처리에 사용한 시료량 (mL)

② 시험분석보고서를 작성한다.

···02 총질소 분석 예시

1. 총질소 표준원액(100 mg/L) 제조

① 표준용액 원액을 만들기 위해서 질산칼륨 0.7218 g을 정확히 저울로 단다.

② 시약지를 먼저 저울에 올려놓고 저울의 영점을 맞춘다. 그리고 질산칼륨 0.7218 g을 단다.

③ 미리 정제수를 2/3 정도 채워놓은 1 L 부피플라스크에 넣는다. 이때 질산칼륨이 시약지에 묻어 있으면 정제수 즉 초순수를 이용하여 씻어서 넣고 정제수로 표선까지 채운다.

④ 정제수로 표선까지 채울 때에는 처음에는 정제수를 비커 등을 이용하여 채우고, 수면이 표선과 가까워지면 정제수 보틀을 이용하여 정확히 표선에 맞춘다.

⑤ 표선까지 맞춘 후에는 마개로 닫고 위아래로 여러 번 흔들어 질산칼륨이 잘 녹아 용액이 균질하게 되도록 한다.

2. 알칼리성과황산칼륨용액(3 %) 제조

① 알칼리성과황산칼륨용액(3 %)을 제조하기 위하여 수산화나트륨 20 g을 저울로 단다.

② 시약지를 먼저 저울에 올려놓고 저울의 영점을 맞춘다.

③ 수산화나트륨을 정확히 20 g을 미리 정제수를 2/3가량 채운 500 mL 부피플라스크에 넣는다.

④ 과황산칼륨 15 g을 동일한 방법으로 저울로 단다.

⑤ 시약지를 저울에 올려놓고 저울의 영점을 맞춘 다음 과황산칼륨 15 g을 정확히 잰 후에 수산화나트륨 20 g을 넣어 녹인 500 mL 부피 플라스크에 넣는다.

⑥ 부피플라스크를 흔들어 과황산칼륨을 녹인다. 이때 과황산칼륨이 천천히 녹게 되므로 만약에 마그네틱 바와 교반기가 있으면 이를 이용하여 녹이고 그렇지 않은 경우에는 녹을 때까지 계속 흔들어서 녹인 후에 정제수를 이용하여 정확히 표선에 맞춘다.

⑦ 표선까지 맞춘 후에는 마개로 닫고 위아래로 여러 번 흔들어 용액이 균질하게 되도록 한다.

3. 염산(1 + 500) 용액 제조

① 500 mL 부피플라스크에 정제수 500 mL를 넣는다.

② 여기에 염산 1 mL를 피펫을 이용하여 넣고 마개로 막고 플라스크를 위아래로 흔들어서 용액을 잘 혼합한다.

4. 염산(1 + 1) 용액 제조

① 메스실린더를 이용하여 정제수 160 mL를 잰 후에 200 mL 부피플라스크에 정제수를 넣는다.
② 여기에 염산 10 mL를 피펫을 이용하여 넣고 마개로 막고 플라스크를 위아래로 흔들어서 용액을 잘 혼합한다.

5. 전처리

① 100 mL 분해병에 시료 50 mL와 알칼리성과황산칼륨 용액 10 mL를 넣고 마개를 닫고 흔들어 섞는다.
② 이를 고압증기멸균기에 넣고 120 ℃에서 30분간 가열하여 분해한다. 이때 반드시 고압멸균기 내부 아래 부분의 열신이 증류수에 잠기도록 물이 있는지 확인한 후에 분해병을 고압멸균기에 넣는다.
③ 멸균이 완료되고 압력이 대기압으로 내려오면 고압멸균기의 뚜껑을 열고 분해병을 꺼내어 방냉한다.

6. 시료 및 검정곡선용 표준용액 제조

① 100 mL 부피플라스크에 정제수를 50 mL 정도 채운다.
② 여기에 20 mL 홀 피펫을 사용하여 표준원액 20 mL를 취하여 넣고 정제수로 표선에 맞춘 후에 뚜껑을 닫고 흔들어 준다. 이 용액은 20 mg/L 총질소 표준용액이 된다.
③ 미리 바탕시험용액 제조용 100 mL 부피플라스크 1개와 표준용액 제조용 100 mL 부피플라스크를 3 ~ 5개를 준비하고 각각의 플라스크에 정제수를 50 mL 정도 넣는다.
④ 여기에 20 mg/L 표준용액을 0.5 mL, 1.0 mL, 2.0 mL, 2.5 mL, 5.0 mL, 10.0 mL씩 각각 취하여 100 mL 부피플라스크에 넣고 정제수로 표선을 맞춘다. 이렇게 제조된 표준용액은 0.1, 0.2, 0.5, 1.0, 2.0 mg/L이다.
⑤ 동일한 요령으로 주어진 표준용액을 이용하여 미지시료와 첨가시료도 제조한다.
⑥ 이렇게 제조된 바탕용액과 시료, 첨가시료 50 mL씩을 정확히 취하여 100 mL 분해병에 넣고 알칼리성과황산칼륨용액 10 mL를 각각 넣고 고압증기멸균기로 분해를 한다.

7. 발색

① 고압증기멸균기로 분해한 시료를 여과지(GF/C)로 여과한다. 이때 최초 5 ~ 10 mL는 버린다. 그리고 여과된 여액에서 25 mL를 정확히 취하여 50 mL 비색관 또는 비커 또는 코니칼 튜브에 넣는다. 표준용액도 동일하게 25 mL씩 취하여 50 mL 비색관 또는 코니칼 튜브에 각각 넣는다.

② 여기에 표준용액에는 염산(1+500)을 각각 5 mL씩 넣고 고압증기멸균기에서 멸균한 바탕시험
용액과 시료 및 첨가시료에는 염산(1+16)을 각각 5 mL씩 넣는다.

③ 뚜껑 또는 파라필름으로 시험관을 막고 잘 흔들어 준다.

8. 측정

① 미리 켜둔 자외선/가시선 분광광도계(UV – Vis.)의 컴퓨터에서 해당 프로그램을 클릭하여 프로
그램을 불러온다.

② Method(측정파장, 검정곡선의 종류 등), Sequence(sample list : 표준용액 개수, 시료수 등)를
작성한다.

③ 분석 method를 불러서 바탕시료를 대조액으로 하여 바탕시료, 표준용액 1, 2, 3, 4, 5, 시료의
순으로 측정한다.

이때 주의 사항은 흡수셀의 불투명한 면을 손으로 잡고 투명한 부분을 킴와이프로 깨끗이 닦는다.
그리고 투명한 면으로 빛이 통과하도록 흡수셀을 시료부에 넣고 뚜껑을 닫는다.

④ 프로그램을 이용하여 검정곡선(calibration)을 그리고 표준용액의 흡광도, 바탕시료의 농도, 시
료의 농도, 결정계수(R^2), 추세선식을 확인한다.

이때 주의사항으로 반드시 자신이 측정한 것을 자신에게 주어진 파일명으로 저장을 한다. 그래야
필요시 다시 볼 수 있다.

⑤ 모든 결과는 인쇄를 하고 시험보고서를 작성한다. 결과물(원자료)은 시험보고서 제출 시 함께 제
출한다.

총질소 보고서 작성 방법

01
5점

평가항목의 시험분석 일반사항에 대해 답하시오.

(1) 흡광광도법의 원리에 대해 간략히 쓰시오.

풀이 구술시험 흡광광도법 원리 및 자외선/가시선 분광광도계(흡광광도계; UV/VIS.) 참조

(2) 전처리과정을 포함한 실험과정을 적고, 발생 가능한 오차요인을 기술하시오.

풀이 시험자가 실제 수행한 전처리과정을 상세하게 기술한다.

(3) 기기분석 조건을 적고, 기기분석 시 주의하여야 할 사항을 기술하시오.

풀이 기기분석 조건[흡광도]을 적고 기기분석 시 주의사항[기기안정화, 셀을 취급하는 방법, 측정방법 등]을 기술한다.

02
5점

평가항목의 시험 분석과정에 대해 답하시오.

(1) 표준원액을 이용한 표준용액 조제 및 검정곡선 작성(영점제외 3 points) 과정을 상세히 적고, 고려하여야 할 사항을 적으시오.

풀이 시험자가 수행한 검정곡선 작성용 표준용액 제조 과정을 상세히 기술하며, 표준용액제조 시 주의사항을 기록한다.

(2) 첨가시료를 이용한 회수율 시험 분석과정과 그 의미를 적으시오.

풀이 시험자가 수행한 회수율(정확도) 시험과정을 기술하고 정도관리 요소의 정확도의 의미를 참조하여 기술한다.

03
40점

다음과 같이 시험분석과정을 수행하고, 시험분석보고서 양식에 따라 결과값을 작성하여 제출하시오. 제출 시 단계별로 기기 원 분석자료(raw data)를 함께 첨부하시오.

> 암모니아성질소 보고서 작성 참조

(1) 제공된 표준원액(100 mg/L)을 이용하여 검정곡선(영점 제외 3 points)을 작성하시오.
  - 검정곡선 결과값을 구하고, raw data를 함께 제출하시오.

(2) 미지시료에 대한 농도값(mg/L)을 전처리 없이 구하시오.
  - 실험에 앞서 제공된 미지시료를 반드시 증류수로 50배 희석하여 3개의 측정용 시료로 조제하시오.(단, 측정용 시료의 농도 범위는 0.05~0.5 mg/L로 추가 희석은 수험자의 판단 하에 수행한다).
  - 측정용 시료를 각각 기기분석하여 농도값(mg/L, 소수점 이하 셋째 자리까지 표기) 및 상대표준편차(%)를 구하고, 희석배수를 고려한 미지시료의 최종농도값과 raw data를 함께 제출하시오.
  - 산출식 및 산출과정을 답안지에 자세히 기술하시오.

(3) 첨가시료에 대한 회수율을 구하시오.(과황산칼륨 분해법)
  - 첨가시료는 측정용 시료에 표준용액을 첨가하여 최종농도가 약 1.0 mg/L 증가하도록 3반복으로 조제하시오.
  - 3개의 첨가시료는 과황산칼륨 분해법에 따라 전처리 하시오.
  - 전처리한 첨가시료를 각각 기기분석하여 농도값(mg/L, 소수점 이하 셋째 자리까지 표기), 상대표준편차(%), 회수율(%)을 구하고, 희석배수를 고려한 첨가시료의 최종농도값과 raw data를 함께 제출하시오.
  - 첨가시료의 조제과정, 회수율의 산출식 및 산출과정을 답안지에 자세히 기술하시오.

(4) 기타 미지시료의 농도 산정을 위해 고려한 사항(ex. 방법바탕시료)이 있을 경우 이에 대해 기술하고 raw data를 함께 제출하시오.

04
10점

응시자가 수행한 시험 분석과정과 그 결과값에 대해 종합적으로 고찰하시오.

> **풀이** 암모니아성질소 보고서 작성 참조

05
10점

각 응시실 감독자가 응시자의 시험 분석과정에 대한 현장숙련정도 평가 실시

(응시자는 5번 문항 답안을 작성하지 않습니다.)

⋯01 공정시험기준 리뷰

❶ 인산염인

1. 측정원리

물속에 존재하는 인산염인을 측정하기 위하여 시료 중의 인산염인이 몰리브덴산 암모늄과 반응하여 생성된 몰리브덴산인 암모늄을 이염화주석으로 환원하여 생성된 몰리브덴 청의 흡광도를 690 nm에서 측정하는 방법이다.

2. 시약 및 표준용액

(1) 시약

① p–나이트로페놀용액(0.1 %)

p–나이트로페놀용액(para–nitrophenol, $C_6H_5NO_3$, 분자량 : 139.11) 0.1 g을 정제수에 녹여 100 mL로 한다.

② 수산화나트륨용액(4 %)

수산화나트륨(sodium hydroxide, NaOH, 분자량 : 40.0) 4 g을 정확히 취하여 정제수에 녹여 100 mL로 한다.

③ 암모니아수(1 + 10)

암모니아수(ammonia water, 28 % ammonia in water) 10 mL를 정제수 100 mL에 넣어 잘 섞는다.

④ 몰리브덴산 암모늄 용액

몰리브덴산암모늄·4수화물(ammonium molybdate tetrahydrate, $(NH_4)_6Mo_7O_{24} \cdot 4H_2O$, 분자량 : 1235.86) 15 g을 물 약 150 mL에 녹이고 여기에 황산 182 mL와 정제수 약 600 mL를 섞은 액을 천천히 방냉하여 흔들어 섞고 설파민산 암모늄(ammonium sulfamate, $NH_4OSO_2NH_2$, 분자량 : 114.12) 10 g을 넣어 녹인 다음 물을 넣어 1000 mL로 한다.

⑤ 이염화주석용액(10 %)(인산염시험용)

이염화주석 · 2수화물(tin(II) chloride, $SnCl_2 \cdot 2H_2O$, 분자량 : 225.63) 10 g을 염산(인산염시험용)에 넣어 녹이고 염산(인산염시험용)을 넣어 100 mL로 한다.

(2) 표준용액

① 표준원액(100 mg/L)

미리 105 ℃에서 건조한 인산이수소칼륨(potassium phosphate, monobasic; KH_2PO_4, 분자량 : 138.09, 표준시약) 0.439 g을 정밀히 달아 정제수에 녹여 정확히 1 L로 한다.

② 표준용액(5 mg/L)

표준원액(100 mg/L) 5 mL를 정확히 취하여 정제수를 넣어 100 mL로 한다.

3. 정도보증/정도관리(QA/QC)

▼ 정도관리 목표값

정도관리 항목	정도관리 목표
정량한계	0.003 mg/L
검정곡선	결정계수(R^2) ≥ 0.98 또는 감응계수(RF)의 상대표준편차 ≤ 25 %
정밀도	상대표준편차가 ± 25 % 이내
정확도	75 % ~ 125 %

4. 분석절차

(1) 시료 및 검정곡선용 표준용액 제조

① 표준용액(5 mg/L) 0 mL ~ 10 mL를 단계적으로 취하여 50 mL 부피플라스크에 넣고 정제수를 넣어 전량을 40 mL로 한다. 단, 표준용액은 바탕용액을 제외하고 3개 이상 제조한다.
② 미지시료와 첨가시료를 제조한다.

(2) 전처리

① 시료 적당량을 여과한다.
※ 정제수를 이용하여 제조한 경우 여과를 생략할 수 있다.

(3) 검정곡선 작성

① 미리 제조된 표준용액을 분석방법에 따라 시험한다.

② 바탕용액과 함께 저농도에서 고농도의 순으로 각 용액의 일부를 층장 10 nm 흡수셀에 옮겨 흡광도를 측정하여 검정곡선을 작성한다.

※ 검정곡선용 표준용액 측정은 시료 측정과 함께하며, 순서는 시료측정 앞에 한다.

(4) 미지시료 및 첨가시료 분석

① 여과한 시료 적당량(인산염인으로서 0.05 mg 이하 함유)을 정확히 취하여 50 mL 부피플라스크에 넣고 정제수를 넣어 약 40 mL로 한다.

[주 1] 시료가 산성일 경우에는 p−니트로페놀용액(0.1 %)을 지시약으로 수산화나트륨용액 (4 %) 또는 암모니아수(1+10)를 넣어 액이 황색을 나타낼 때까지 중화한다.

② 여기에 몰리브덴산암모늄용액 5 mL를 넣어 흔들어 섞고 이염화주석용액(인산염 시험용) 약 0.25 mL를 넣고 정제수를 넣어 표선을 채운 다음 다시 흔들어 섞고 20 ℃ ~ 30 ℃에서 10분간 방치한 다음 이 용액의 일부를 층장 10 mm 흡수 셀에 옮겨 시료용액으로 한다.

[주 2] 발색제를 넣은 다음 흡광도 측정까지의 소요시간은 10분 ~ 12분으로 한다.

③ 따로 정제수 40 mL를 취하여 시료의 시험방법에 따라 시험하여 바탕시험용액으로 한다.

④ 바탕시험액을 대조액으로 하여 690 nm에서 시료용액의 흡광도를 측정한다.

(5) 결과보고

① 농도계산

미리 작성한 검정곡선으로부터 인산염인의 양을 구하여 농도(mg/L)를 산출한다. 시료의 농도는 표준용액의 흡광도에 대한 시료의 흡광도를 비교하여 계산한다.

$$인산염인 \ (mg/L) = \frac{(y-b)}{a} \times I$$

여기서, y : 시료의 흡광도
b : 검정곡선의 절편
a : 검정곡선의 기울기
I : 시료의 희석배수

② 시험분석보고서를 작성한다.

② 총인

1. 측정원리

물속에 존재하는 총인을 측정하기 위하여 유기물화합물 형태의 인을 산화 분해하여 모든 인 화합물을 인산염 (PO_4^{3-}) 형태로 변화시킨 다음 몰리브덴산암모늄과 반응하여 생성된 몰리브덴산인암모늄을 아스코빈산으로 환원하여 생성된 몰리브덴산의 흡광도를 880 nm에서 측정하여 총인의 양을 정량하는 방법이다.

2. 간섭물질

① 시료의 전처리 방법에서 축합인산과 유기인 화합물은 서서히 분해되어 측정이 잘 안 되기 때문에 과황산칼륨으로 가수분해시켜 정인산염으로 전환한 다음 다시 측정한다. 이때 시료가 증발하여 건고되지 않도록 약 10 mL 정도로 유지한다.

② 전처리한 시료가 염화이온을 함유한 경우는 염소가 생성되어 몰리브덴산의 청색 발색을 방해하는 경우가 있으므로 분해 후 용액에 이황산수소나트륨용액(5 %) 용액 1 mL를 가한다.

③ 상층액이 혼탁한 시료의 여과는 시료채취 후 여과지 5종 C 또는 1 μm 이하의 유리섬유여과지 (GF/C)를 사용하여 여과하고 최초의 여과액 약 5 mL ~ 10 mL을 버리고 다음의 여과용액을 사용한다.

3. 시약 및 표준용액

(1) 시약

① 과황산칼륨용액(4 %)

과황산칼륨(potassium persulfate, $K_2S_2O_8$, 분자량 : 270.32) 4 g을 정제수에 용해시켜 100 mL로 한다.

② p - 나이트로페놀용액(0.1 %)

p - 나이트로페놀(p - nitrophenol, $C_6H_5NO_3$, 분자량 : 139.11) 0.1 g을 정제수에 용해시켜 100 mL로 한다.

③ 몰리브덴산암모늄 · 아스코빈산 혼합용액

몰리브덴산암모늄 · 4수화물(ammonium molybdate tetrahydrate, $(NH_4)_6Mo_7O_{24} \cdot 4H_2O$, 분자량 : 1235.86) 6g과 타타르산안티몬칼륨(potassium antimonyl tartrate, $K(SbO)C_4H_4O_6 \cdot 1/2H_2O$, 분자량 : 333.92) 0.24 g을 정제수 약 300 mL에 녹이고 황산(2 +1) 120 mL와 설파민산암모늄(ammonium sulfamate, $NH_4OSO_2NH_2$, 분자량 :

114.12) 5 g을 넣어 녹인 다음 정제수를 넣어 500 mL로 하고 여기에 7.2 % L-아스코빈산 (L-ascorbic acid, $C_6H_8O_6$, 분자량 : 176.12) 용액 100 mL를 넣어 섞는다. 사용시 마다 제조한다.

④ 수산화나트륨용액(20 %)

수산화나트륨(sodium hydroxide, NaOH, 분자량 : 40.00) 20 g을 정제수에 용해시켜 100 mL로 한다.

⑤ 수산화나트륨용액(4 %)

수산화나트륨 4 g을 정제수에 용해시켜 100 mL로 한다.

⑥ L-아스코빈산용액(7.2 %)

L-아스코빈산(L-ascorbic acid, $C_6H_8O_6$, 분자량 : 176.12) 7.2 g을 정제수에 녹여 100 mL로 한다.

(2) 표준용액

① 표준원액(100 mg/L)

미리 105 ℃에서 건조한 인산이수소칼륨(potassium phosphate, monobasic; KH_2PO_4, 분자량 : 138.09, 표준시약) 0.439 g을 정밀히 달아 정제수에 녹여 정확히 1 L로 한다.

② 표준용액(5 mg/L)

표준원액(100 mg/L) 25 mL를 정확히 취하여 정제수를 넣어 500 mL로 한다.

4. 정도보증/정도관리(QA/QC)

▼ 정도관리 목표값

정도관리 항목	정도관리 목표
정량한계	0.005 mg/L
검정곡선	결정계수(R^2) ≥ 0.98 또는 감응계수(RF)의 상대표준편차 ≤ 25 %
정밀도	상대표준편차가 ± 25 % 이내
정확도	75 % ~ 125 %

5. 분석절차

(1) 시료 및 검정곡선용 표준용액 제조

① 표준용액(5 mg/L) 0 mL ~ 20 mL를 단계적으로 취하여 100 mL 부피플라스크에 넣고 정제수를 넣어 표선을 채운 다음 이 용액 25 mL씩을 마개 있는 시험관에 넣는다. 단, 표준용액은 바탕용액을 제외하고 3개 이상 제조한다.

② 미지시료와 첨가시료를 제조한다.

(2) 전처리[과황산칼륨 분해]

시료 50 mL(인으로서 0.06 mg 이하 함유)를 분해병에 넣고 과황산칼륨용액(4 %) 10 mL를 넣어 마개를 닫고 섞은 다음 고압증기멸균기에 넣어 가열한다. 약 120 ℃가 될 때부터 30분간 가열분해를 계속하고 분해병을 꺼내 냉각한다.

(3) 검정곡선 작성

① 미리 제조된 표준용액을 분석방법에 따라 시험한다.

② 바탕용액과 함께 저농도에서 고농도의 순으로 각 용액의 일부를 층장 10 nm 흡수셀에 옮겨 흡광도를 측정하여 검정곡선을 작성한다.

※ 검정곡선용 표준용액 측정은 시료 측정과 함께하며, 순서는 시료측정 앞에 한다.

(4) 미지시료 및 첨가시료 분석

① 전처리한 시료 25 mL를 취하여 마개 있는 시험관에 넣고 몰리브덴산암모늄 · 아스코빈산 혼합용액 2 mL를 넣어 흔들어 섞은 다음 20 ℃ ~ 40 ℃에서 15분간 방치한다.
[주 1] 전처리한 시료가 탁한 경우에는 유리섬유 여과지로 여과하여 여과액을 사용한다.

② 이 용액의 일부를 층장 10 nm 흡수셀에 옮겨 시료용액으로 한다.

③ 따로 정제수 50 mL를 취하여 시료의 시험방법에 따라 시험하여 바탕시험액으로 한다.

④ 바탕시험용액을 대조액으로 하여 880 nm의 파장에서 시료 용액의 흡광도를 측정하여 미리 작성한 검정곡선으로 인산염인의 양을 구하여 농도를 계산한다.
[주 2] 880 nm에서 흡광도 측정이 불가능할 경우에는 710 nm에서 측정한다.

(5) 결과보고

① 농도 계산

$$\text{총인 (mg/L)} = a \times \frac{60}{25} \times \frac{1000}{50}$$

여기서, a : 검정곡선으로부터 구한 인의 양 (mg)

② 시험분석보고서를 작성한다.

⋯02 총인 분석 예시

1. 총인 표준원액(100 mg/L) 제조

① 표준용액 원액을 만들기 위해서 인산이수소칼륨 0.439 g을 정확히 저울로 단다.
② 시약지를 먼저 저울에 올려놓고 저울의 영점을 맞춘다. 그리고 인산이수소칼륨 0.439 g을 단다.
③ 미리 정제수를 2/3 정도 채워놓은 1 L 부피플라스크에 넣는다. 그리고 부피플라스크 기벽에 묻어 있는 인산이수소칼륨을 정제수를 이용하여 씻어서 넣는다.
④ 마개로 부피플라스크를 막고 여러 번 흔들어 인산이수소칼륨을 완전히 녹인다.
⑤ 마개를 열고 정제수로 표선까지 채운다.
⑥ 마개로 닫고 여러 번 흔들어 용액이 균질하게 되도록 한다.

2. 과황산칼륨용액(4 %) 제조

① 과황산칼륨용액(4 %)를 제조하기 위하여 과황산칼륨 4 g을 저울로 단다.
② 시약지를 먼저 저울에 올려놓고 저울의 영점을 맞춘다.
③ 과황산칼륨을 정확히 4 g을 잰 후에 미리 정제수를 2/3가량 채운 100 mL 부피플라스크에 넣고 흔들어서 과황산칼륨을 녹인다.
④ 이때 과황산칼륨이 천천히 녹게 되므로 만약에 마그네틱 바와 교반기가 있으면 이를 이용하여 녹이고 그렇지 않은 경우에는 녹을 때까지 흔들어서 녹인 후에 정제수를 이용하여 정확히 표선에 맞춘다.
⑤ 마개를 닫고 위아래로 여러 번 흔들어 용액이 균질하게 되도록 한다.

3. L-아스코빈산용액(7.2 %) 제조

① 아스코빈산 7.2 % 용액을 제조하기 위하여 아스코빈산 7.2 g을 단다.

② 시약지를 먼저 저울에 올려놓고 저울의 영점을 맞춘다.

③ 아스코빈산 7.2 g을 정확히 잰 후에 미리 정제수를 2/3가량 채운 100 mL 부피플라스크에 깔대기를 이용하여 아스코빈산을 넣는다. 이때 프라스크의 기벽에 묻어 있는 아스코빈산은 정제수로 씻어내린 후에 마개를 막고 흔들어서 아스코빈산을 녹인다.

④ 정제수를 이용하여 정확히 표선에 맞춘다.

4. 황산(2+1) 용액 제조

① 메스실린더를 이용하여 정제수 50 mL를 잰 후에 200 mL 부피플라스크 또는 비커에 정제수를 넣는다.

② 황산 100 mL를 메스실린더를 이용하여 넣고 흔들어서 용액을 잘 혼합한다. 이때 발열반응으로 용액이 뜨거워지므로 황산을 천천히 조심해서 넣고 용액을 섞어 준다.

5. 몰리브덴산암모늄·아스코빈산 혼합용액 용액 제조

① 몰리브덴산암모늄·4수화물 6 g을 단다.

② 시약지를 먼저 저울에 올려놓고 저울의 영점을 맞춘다.

③ 몰리브덴산암모늄·4수화물 6 g을 정확히 잰 후에 미리 정제수를 300 mL가량 채운 500 mL 부피플라스크에 깔대기를 이용하여 몰리브덴산암모늄·4수화물을 넣는다.

④ 타타르산안티몬칼륨 0.24 g을 단다.

⑤ 시약지를 먼저 저울에 올려놓고 저울의 영점을 맞춘다.

⑥ 타타르산안티몬칼륨 0.24 g을 정확히 잰 후에 몰리브덴산암모늄·4수화물을 넣은 부피플라스크에 넣는다.

⑦ 여기에 황산(2+1)용액 120 mL를 메스실린더를 사용하여 넣는다.

⑧ 여기에 설파민산암모늄 5 g을 저울로 정확히 재어 넣고 녹인 후 정제수로 표선에 맞춘다.

⑨ 마개를 하고 용액을 흔들어 용액이 균질하게 되도록 한다.

⑩ 1 L 시약병 또는 비커에 이 용액을 옮긴다. 그리고 여기에 미리 제조한 7.2 % 아스코빈산 용액 100 mL를 넣는다. 이때 용액의 색이 연한 황색이 된다.

6. 전처리 – 분해

① 100 mL 분해병에 시료 50 mL와 과황산칼륨 용액 10 mL를 넣고 마개를 닫고 흔들어 섞는다.

② 이를 고압증기멸균기에 넣고 120 ℃에서 30분간 가열하여 분해한다. 이때 반드시 고압멸균기 내부 아래 부분의 열선이 증류수에 잠기도록 물이 있는지 확인 한 후에 분해병을 고압멸균기에 넣는다.

③ 멸균이 완료되고 압력이 대기압으로 내려오면 고압멸균기의 뚜껑을 열고 분해병을 꺼내어 방냉한다.

7. 발색

① 진처리된 시료와 표준용액을 25 mL씩 부피피펫으로 정확히 취해서 50 mL 코니칼튜브 또는 시험관에 넣는다.

② 몰리브덴산암모늄 용액 20 mL를 피펫으로 분취하여 미리 준비한 100 mL 비커에 넣고 아스코빈산 4 mL를 넣고 용액을 넣고 흔들어 섞는다. 이때 용액의 색이 연한 노란색을 띤다.

③ 이 용액 2 mL를 각각의 표준용액과 시료에 넣어 준다.

④ 그리고 시험관을 흔들어 섞은 다음 20 ℃ ~ 40 ℃에서 15분간 방치한다.

8. 측정

① 미리 켜둔 자외선/가시선 분광광도계(UV – Vis.)의 컴퓨터에서 해당 프로그램을 클릭하여 프로그램을 불러온다.

② Method(측정파장 880 nm, 검정곡선의 종류 등), Sequence(sample list : 표준용액 개수, 시료수 등)를 작성한다.

③ 분석 method를 불러서 바탕시료를 대조액으로 하여 바탕시료, 표준용액 1, 2, 3, 4, 5, 시료의 순으로 측정한다.

이때 주의 사항은 흡수셀의 불투명한 면을 손으로 잡고 투명한 부분을 킴와이프로 깨끗이 닦는다. 그리고 투명한 면으로 빛이 통과하도록 흡수셀을 시료부에 넣고 뚜껑을 닫는다.

④ 프로그램을 이용하여 검정곡선(calibration)을 작성하고 표준용액의 흡광도, 바탕시료의 농도, 시료의 농도, 결정계수(R²), 추세선식을 확인한다.

이때 주의사항으로 반드시 자신이 측정한 것을 자신에게 주어진 파일명으로 저장을 한다. 그래야 필요시 다시 볼 수 있다.

⑤ 모든 결과는 인쇄를 하고 시험보고서를 작성한다. 결과물(원자료)은 시험보고서 제출 시 함께 제출한다.

총인 보고서 작성 방법

01 평가항목의 시험분석 일반사항에 대해 답하시오.
5점

(1) 흡광광도법의 원리에 대해 간략히 쓰시오.

풀이 암모니아성질소 보고서 작성 참조

(2) 시약의 제조 과정 및 발색 원리에 대해 간략히 적으시오.

풀이 공정시험기준 리뷰 : 1. 측정원리 참조

(3) 전처리과정을 포함한 전체 실험과정을 적고, 발생 가능한 오차요인을 기술하시오.

풀이 시험자가 수행한 실험과정을 기술하고 오차 요인을 기술한다.

02 평가항목의 시험 분석과정에 대해 답하시오.
5점

> 암모니아성질소 보고서 작성 참조

(1) 표준용액 조제 및 검정곡선 작성(영점제외 3 points) 과정을 상세히 적고, 고려하여야 할 사항을
적으시오.

(2) 기기분석 조건을 적고, 기기분석 시 주의하여야 할 사항을 기술하시오.

03
40점

[문항1, 2]에서 작성한 시험분석과정을 수행하고, 시험분석보고서 양식에 따라 결과값을 작성하여 제출하시오. 제출 시 단계별로 기기 원 분석자료(raw data)를 함께 첨부하시오.

> 암모니아성질소, 총질소 보고서 작성 참조

(1) 제공된 표준용액(100 mg/L)을 이용하여 검정곡선(영점 제외 3points)을 작성하시오.
  - 검정곡선 결과값을 구하고, raw data를 함께 제출하시오.

(2) 측정용 미지시료에 대한 농도값(mg/L)을 구하시오.
  - 실험에 앞서 제공된 시료를 반드시 증류수로 200배 희석하여 측정용 미지시료를 조제하시오. (단, 측정용 미지시료의 농도 범위는 2.0~10.0 mg/L로 추가 희석은 수험자의 판단 하에 수행한다)

  - 발색 시료는 측정용 미지시료를 분취하여 3개 조제하시오.
  - 측정용 미지시료를 기기분석하여 농도값(mg/L, 소수점 이하 둘째 자리까지 표기) 및 상대표준편차(%)를 구하고, raw data를 함께 제출하시오.

  - 산출식 및 산출과정을 답안지에 자세히 기술하시오.

(3) 첨가시료에 대한 회수율을 구하시오.

> 총질소 보고서 작성 참조

  - 첨가시료는 측정용 미지시료에 표준용액을 첨가하여 미지시료 농도가 3.0 mg/L 증가하도록 조제하시오.

  - 발색 시료는 첨가시료를 분취하여 3개 조제하시오.

  - 첨가시료를 분석하여 농도값(mg/L, 소수점 이하 둘째 자리까지 표기), 상대표준편차(%), 회수율(%)을 구하고, raw data를 함께 제출하시오.

  - 첨가시료의 조제과정, 회수율의 산출식 및 산출과정을 답안지에 자세히 기술하시오.

(4) 기타 미지시료의 농도 산정을 위해 고려한 사항(ex. 방법바탕시료)이 있을 경우 이에 대해 기술하고 raw data를 함께 제출하시오.

04
10점

응시자가 수행한 시험 분석과정과 그 결과값에 대해 종합적으로 고찰하시오.

풀이 암모니아성질소, 총질소 보고서 작성 참조

05
10점

각 응시실 감독자가 응시자의 시험 분석과정에 대한 현장숙련정도 평가(시험방법의 숙지, 저울 등 시험기구 사용의 숙련 정도, 피펫 등 유리기구 사용의 숙련 정도, 시약 등의 취급 및 제조의 숙련 정도, 분석기기 사용의 숙련 정도) 실시

(응시자는 5번 문항 답안을 작성하지 않습니다.)

원자흡수분광광도계(AAS)

1. 원리 및 적용범위

이 시험기준은 물속에 존재하는 중금속을 정량하기 위하여 시료를 2,000 K ~ 3,000 K의 불꽃 속으로 시료를 주입하였을 때 생성된 바닥상태의 중성원자가 고유 파장의 빛을 흡수하는 현상을 이용하여, 개개의 고유 파장에 대한 흡광도를 측정하여 시료 중의 원소농도를 정량하는 방법으로 분석이 가능한 원소는 구리, 납, 니켈, 망간, 비소, 셀레늄, 수은, 아연, 철, 카드뮴, 크롬, 6가 크롬, 바륨, 주석 등이다.

2. 적용범위

▼ 원자흡수분광광도법의 원소별 정량한계 비교

원소	선택파장(nm)	불꽃연료	정량한계(mg/L)
Cu	324.7	A−Ac[1]	0.008 mg/L
Pb	283.3/217.0	A−Ac[1]	0.04 mg/L
Ni	232.0	A−Ac[1]	0.01 mg/L
Mn	279.5	A−Ac[1]	0.005 mg/L
Ba	553.6	N−Ac[2]	0.1 mg/L
As	193.7	H[3]	0.005 mg/L
Se	196.0	H[3]	0.005 mg/L
Hg	253.7	CV[4]	0.0005 mg/L
Zn	213.9	A−Ac[1]	0.002 mg/L
Sn	224.6	A−Ac[1]	0.8 mg/L
Fe	248.3	A−Ac[1]	0.03 mg/L
Cd	228.8	A−Ac[1]	0.002 mg/L
Cr	357.9	A−Ac[1]	0.01 mg/L (산처리), 0.001 mg/L (용매추출)

US EPA Method 200.0 Metals Atomic Absorption Spectrometry

[1] A−Ac : 공기−아세틸렌

[2] N−Ac : 아산화질소−아세틸렌

[3] H : 환원기화법(수소화물 생성법)

[4] CV : 냉증기법

3. 간섭물질

(1) 광학적 간섭

① 분석하고자 하는 원소의 흡수파장과 비슷한 다른 원소의 파장이 서로 겹쳐 비이상적으로 높게 측정되는 경우이다. 또는 다중원소램프 사용 시 다른 원소로부터 공명 에너지나 속빈 음극램 프의 금속 불순물에 의해서도 발생한다. 이 경우 슬릿 간격을 좁힘으로써 간섭을 배제할 수 있다.

② 시료 중에 유기물의 농도가 높을 경우 이들에 의한 복사선 흡수가 일어나 양(+)의 오차를 유 발하게 되므로 바탕선 보정(background correction)을 실시하거나 분석 전에 유기물을 제거 하여야 한다.

③ 용존 고체 물질 농도가 높으면 빛 산란 등 비원자적 흡수현상이 발생하여 간섭이 발생할 수 있 다. 바탕 값이 높아서 보정이 어려울 경우 다른 파장을 선택하여 분석한다.

(2) 물리적 간섭

물리적 간섭은 표준용액과 시료 또는 시료와 시료 간의 물리적 성질(점도, 밀도, 표면장력 등)의 차이 또는 표준물질과 시료의 매질(matrix) 차이에 의해 발생한다. 이러한 차이는 시료의 주입 및 분무 효율에 영향을 주어 양(+) 또는 음(-)의 오차를 유발하게 된다. 물리적 간섭은 표준용액 과 시료 간의 매질을 일치시키거나 표준물질첨가법을 사용하여 방지할 수 있다.

(3) 이온화 간섭

불꽃온도가 너무 높을 경우 중성원자에서 전자를 빼앗아 이온이 생성될 수 있으며 이 경우 음(-) 의 오차가 발생하게 된다. 이러한 간섭은 시료와 표준물질에 보다 쉽게 이온화되는 물질을 과량 첨가하면 감소시킬 수 있다.

(4) 화학적 간섭

불꽃의 온도가 분자를 들뜬 상태로 만들기에 충분히 높지 않아서, 해당 파장을 흡수하지 못하여 발생한다. 그 예로 시료 중에 인산이온(PO_4^{3-}) 존재 시 마그네슘과 결합하여 간섭을 일으킬 수 있다. 칼슘, 마그네슘, 바륨의 분석 시 란타늄(La)을 첨가하여 인산의 화학적 간섭을 배제할 수 있다. 또는 간섭을 일으키는 금속을 킬레이트제 등으로 제거할 수 있다.

4. 용어 정의

(1) 역화

불꽃의 연소속도가 크고 혼합기체의 분출속도가 작을 때 연소현상이 내부로 옮겨지는 것

(2) 원자흡광도(Atomic Absorptivity or Atomic Extinction Coefficient)

어떤 진동수 i의 빛이 목적원자가 들어 있지 않는 불꽃을 투과했을 때의 강도를 I_{ov}, 목적원자가 들어 있는 불꽃을 투과했을 때의 강도를 I_{ν}라 하고 불꽃 중의 목적원자농도를 c, 불꽃 중의 광도의 길이(Path Length)를 l이라 했을 때

$$E_{AA} = \frac{\log_{10} \cdot I_{ov}/I_{\nu}}{c \cdot l} \text{로 표시되는 양}$$

(3) 공명선(Resonance Line)

원자가 외부로부터 빛을 흡수했다가 다시 먼저 상태로 돌아갈 때(遷移) 방사하는 스펙트럼선

(4) 중공음극램프(Hollow Cathode Lamp)

원자흡광 분석의 광원이 되는 것으로 목적원소를 함유하는 중공음극 한 개 또는 그 이상을 저압의 네온과 함께 채운 방전관

(5) 분무기(Nebulizer Atomizer)

시료를 미세한 입자로 만들어 주기 위하여 분무하는 장치

(6) 전체분무버너(Total Consumption Burner, Atomizer Burner)

시료 용액을 빨아 올려 미립자로 되게 하여 직접 불꽃 중으로 분무하여 원자증기화하는 방식의 버너

(7) 예혼합 버너(Premix Type Burner)

가연성가스, 조연성가스 및 시료를 분무실에서 혼합시켜 불꽃 중에 넣어주는 방식의 버너

5. 분석기기 및 기구 – 원자흡수분광광도계

광원부, 시료원자화부, 파장선택부(분광부) 및 측광부로 구성되어 있고, 단일 또는 이중 채널, 단일 또는 이중 빔을 채용한 분광계로 단색화 장치, 광전자증폭검출기, 190 nm ~ 800 nm 너비의 슬릿 및 기록계로 구성된다.

(1) 광원램프

① 속빈 음극램프(중공 음극램프, HCL, hollow cathode lamp)

원자흡수 측정에 사용하는 가장 보편적인 광원으로 네온이나 아르곤가스를 1 torr ~ 5 torr 의 압력으로 채운 유리관에 텅스텐 양극과 원통형 음극을 봉입한 형태의 램프이다.

※ 음극은 분석하려고 하는 목적의 단일원소 목적원소를 함유하는 합금 또는 소결합금으로 만들어져 있다.

② 전극 없는 방전 램프(EDL, electrodeless discharge lamp)

해당 스펙트럼을 내는 금속염과 아르곤이 들어 있는 밀봉된 석영관으로, 전극 대신 라디오주 파수 장이나 마이크로파 복사선에 의해 에너지가 공급되는 형태의 램프이다.

※ 나트륨(Na), 칼륨(K), 칼슘(Ca), 루비듐(Rb), 세슘(Cs), 카드뮴(Cd), 수은(Hg), 탈륨 (Tl)과 같이 비점이 낮은 원소에서 방전램프나 열음극 사용

(2) 시료원자화 장치

① 버너 : 버너에는 크게 나누어 시료용액을 직접 불꽃 중으로 분무하여 원자화하는 전분무 버 너와 시료용액을 일단 분무실 내에 불어넣고 미세한 입자만을 불꽃 중에 보내는 예혼합 버너 가 있다.

② 불꽃 : 원자흡광 분석에 사용되는 불꽃을 만들기 위한 **조연성 가스와 가연성 가스의 조합은 수소−공기, 수소−공기−아르곤, 수소−산소, 아세틸렌−공기, 아세틸렌−산소, 아세틸렌 −아산화질소, 프로판−공기, 석탄가스−공기 등이 있다.**

※ 수소−공기, 아세틸렌−공기, 아세틸렌−아산화질소 및 프로판−공기가 가장 널리 이용 된다.

※ 수소−공기와 아세틸렌−공기는 거의 대부분의 원소 분석에 유효하게 사용한다.

※ 수소−공기는 원자 외 영역

※ 아세틸렌−아산화질소 **불꽃**은 불꽃의 온도가 높기 때문에 **불꽃** 중에서 해리하기 어려운 내화성산화물(Refractory Oxide)을 만들기 쉬운 원소의 분석에 적당하다.

※ 프로판−공기 불꽃은 불꽃온도가 낮고 일부 원소에 대하여 높은 감도를 나타낸다.

※ 가스의 순도

아세틸렌은 일반등급을 사용하고, 공기는 공기압축기 또는 일반 압축공기 실린더 모두 사 용 가능하다. 아산화질소는 시약등급을 사용한다.

6. 분석절차

① 전처리 : 산처리(산분해)

② 분석하고자 하는 원소의 속빈 음극램프 설치 및 분석파장 선택한 후 슬릿 너비를 설정한다.

③ 속빈 음극램프에 전류가 흐르게 하고 에너지 레벨이 안정될 때까지 10분 ~ 20분간 예열한다.

④ 최적 에너지 값(gain)을 얻도록 선택파장을 최적화한다.

⑤ 버너헤드를 설치하고 위치 조정한다.

⑥ 가스를 공급하면서 불꽃을 발생시키고, 최대 감도를 얻도록 유량을 조절한다.

⑦ 바탕시료를 주입하여 영점조정 및 시료 분석을 수행한다.

금속류

⋯01 공정시험기준 리뷰

1. 측정원리

시료를 전처리 후 시료를 직접 불꽃으로 주입하여 원자화한 후 원자흡수분광광도법에 따라 측정한다.

2. 산분해법

① 질산법 : 유기함량이 비교적 높지 않은 시료의 전처리에 적용한다.

② 질산 – 염산법 : 유기물 함량이 비교적 높지 않고 금속의 수산화물, 산화물, 인산염 및 황화물을 함유하고 있는 시료에 적용. 휘발성 또는 난용성 염화물을 생성하는 금속 물질의 분석에는 주의한다.

③ 질산 – 황산법 : 유기물 등을 많이 함유하고 있는 대부분의 시료에 적용. 그러나 칼슘, 바륨, 납 등을 다량 함유한 시료는 난용성의 황산염을 생성하여 다른 금속성분을 흡착하므로 주의한다.

④ 질산 – 과염소산법 : 유기물을 다량 함유하고 있으면서 산분해가 어려운 시료에 적용한다.

[주1] 과염소산을 넣을 경우 질산이 공존하지 않으면 폭발할 위험이 있으므로 반드시 질산을 먼저 넣어주어야 하며, 어떠한 경우에도 유기물을 함유한 뜨거운 용액에 과염소산을 넣어서는 안된다.

[주2] 납을 측정할 경우, 시료 중에 황산이온 (SO_4^{2-})이 다량 존재하면 불용성의 황산납이 생성되어 측정값에 손실을 가져온다. 이때는 분해가 끝난 액에 정제수 대신 **아세트산암모늄**(5 → 6) 50 mL를 넣고 가열하여 액이 끓기 시작하면 비커 또는 킬달플라스크를 회전시켜 내벽을 액으로 충분히 씻어준 다음 약 5분 동안 가열을 계속하고 방치하여 냉각하여 거른다.

⑤ 질산 – 과염소산 – 불화수소산 : 다량의 점토질 또는 규산염을 함유한 시료에 적용한다.

3. 분석절차

① 피펫, 부피플라스크 등을 이용하여 필요한 시약을 만든다.

② 표준용액 원액을 사용하여 단계별 표준용액을 만든다.

③ 미지시료를 분석용 시료로 제조한다.

④ 첨가시료를 제조한다.

⑤ 단계별로 제조된 표준용액을 AAS에 주입하여 검정곡선을 작성한다.

⑥ 바탕시료, 미지시료, 첨가시료 순으로 AAS에 주입한다.

⑦ 검정곡선을 이용하여 바탕시료, 미지시료, 첨가시료의 농도를 계산한다.

⑧ 시험분석보고서를 작성한다.

···02 중금속 분석 예시

1. 질산 5 % 용액 제조

① 1 L 부피플라스크에 정제수를 700 mL를 넣는다.

② 여기에 피펫 또는 메스실린더로 진한 질산 50 mL를 넣고 정제수로 표선까지 채운다.

③ 마개로 닫고 여러 번 흔들어 용액이 균질하게 되도록 한다.

2. 표준용액 및 첨가시료 제조

① 표준용액과 첨가시료를 만들기 위하여 부피플라스크를 7 ~ 9개 준비한다.

② 미리 준비한 질산 5 % 용액을 비커에 넣는다.

③ 질산 5 % 용액을 준비한 부피플라스크에 1/2 정도 모두 넣는다.

④ 질산 5 % 용액을 1/2 정도 채운 100 mL 부피플라스크에 1,000 ppm 표준원액 1 mL를 부피피펫으로 정확히 취하여 넣어 10 ppm 표준용액을 만든다.

⑤ 질산 5 % 용액으로 표선까지 정확히 채운 다음 마개로 닫고 위아래로 여러 번 흔들어 용액이 균질하게 되도록 한다.

⑥ 100 mL 부피플라스크에 10 ppm 표준용액을 희석하여 1 ppm 표준용액을 만든다.

⑦ 1 ppm 표준용액을 희석하여 작업표준용액을 3개 ~ 5개 만든다.

　㉠ 작업 표준용액을 만들기 위해서 1 ppm 표준용액을 깨끗한 비커에 약 50 mL 정도 넣는다.

　㉡ 비커에 넣은 1 ppm 표준용액을 각 작업 표준용액의 농도에 따라 피펫으로 각각의 부피플라스크에 넣은 후에 질산 5 % 용액으로 표선까지 채운다.

　㉢ 마개로 닫고 위아래로 여러 번 흔들어 용액이 균질하게 되도록 한다.

⑧ 바탕시험용액은 표준용액 첨가 없이 모두 질산 5 % 용액으로 만든다.

⑨ 첨가시료도 동일한 지시사항에 따라 동일한 방법으로 만든다.

3. 측정

① 먼저 미리 켜둔 컴퓨터에서 운영 프로그램을 클릭하여 프로그램을 작동시켜 AAS와 연결한 다음 분석 method를 작성한다.

② 분석 method를 화면에 띄우고 해당하는 측정원소 중공음극램프의 에너지 레벨과 가스가 정상적인지 확인한 후에 이그나이터로 점화를 시킨다.

③ 버너에 불이 붙었으면 검정곡선을 작성하기 위하여 바탕시료를 먼저 측정한다. 이때 네뷸라이저와 연결된 시료관이 용액에 충분히 잠기는지 확인을 한다. 그리고 작업표준용액을 저농도에서 고농도순으로 측정을 한다.

④ 측정이 완료되면 바탕시료의 농도, 시료의 농도, 결정계수(R^2), 추세선식을 확인한다.
이때 주의사항으로 반드시 자신이 측정한 것을 자신에게 주어진 파일명으로 저장을 한다.

⑤ 모든 결과는 인쇄를 하고 시험보고서를 작성한다. 결과물(원자료)은 시험보고서 제출 시 함께 제출한다.

중금속 보고서 작성 방법

01
5점
평가항목의 시험분석 일반사항에 대해 답하시오.

(1) 원자흡수분광도법을 이용한 망간분석 조건(흡수파장, 조연성가스 및 가연성 가스의 유량, 버너 높이, 측정시간, 반복측정 횟수, 정량한계)을 기술하시오.

풀이 시험에 사용한 AAS(예나)의 기기분석조건을 프린트하여 흡수파장, 조연성가스 및 가연성 가스의 유량, 버너높이, 측정시간, 반복측정횟수를 기술하고, 정량한계는 제공된 공정시험기준의 정량한계 또는 분석기기 제조사에서 제공하는 것을 기술한다.

(2) 기기 분석 시 주의해야 할 사항을 기술하시오.

풀이 기기분석조건과 시료의 유량 및 매질 상태 등을 기술한다.

(3) 미지시료가 무색투명하다고 가정하고 분석용 시료 제조 과정을 기술하시오.

풀이 희석방법을 비롯하여 제조 과정을 상세히 기술한다.

(4) 측정 분석 시 발생 가능한 오차 요인을 기술하시오.

풀이 방해물질 및 시험 수행 중 발생 가능한 오차 요인을 기술한다.

02
5점
평가항목의 시험 분석과정에 대해 답하시오.

암모니아성질소 보고서 작성 참조

(1) 표준원액을 이용한 표준용액 제조과정을 기술하시오.

(2) 검정곡선 작성 과정을 기술하시오.

(3) 표준용액 제조 시 고려해야 할 사항을 기술하시오.

03
40점
[문항1, 2]에서 작성한 시험분석과정을 수행하고, 시험분석보고서 양식에 따라 결과값을 작성하여 제출하시오. 제출 시 단계별로 기기 원 분석자료(raw data)를 함께 첨부하시오.

> 암모니아성질소 보고서 작성 참조

(1) 제공된 표준원액(1,000 mg/L)을 이용하여 검정곡선(영점제외 4 points)을 작성하시오(검정곡선 Linear).
   - 검정곡선 결과 값을 구하고, raw data를 함께 제출하시오

(2) 미지시료에 대한 농도값을 구하시오.
   - 실험에 앞서 제공된 미지시료를 반드시 증류수로 10배 희석하여 3개의 측정용 시료로 제조하시오. (단, 측정용 시료의 농도 범위는 0.5 ~ 5 mg/L로 추가희석은 수험자의 판단하에 수행한다)
   - 측정용 미지시료를 전처리 과정 없이 기기 분석하여 3회 반복한 농도값(mg/L, 소수점 이하 둘째 자리까지 표기) 및 상대표준편차(%)를 구하고, raw data를 함께 제출하시오.
   - 산출식 및 산출과정을 답안지에 자세히 기술하시오.

(3) 첨가시료에 대한 회수율을 구하시오.

> 암모니아성질소 보고서 작성 참조

   - 첨가시료는 측정용 미지시료에 망간 표준용액(100 mg/L)을 0.5~1 mL 첨가하여 최종액량 100 mL로 제조하시오.

   - 첨가시료 3개를 기기 분석하여 농도값(mg/L, 소수점 이하 둘째 자리까지 표기), 상대 표준편차(%), 회수율(%)을 구하고, raw data를 함께 제출하시오.

   - 첨가시료의 조제과정, 회수율의 산출식 및 산출과정을 답안지에 자세히 기술하시오.

04
10점
응시자가 수행한 시험 분석과정과 그 결과값에 대해 종합적으로 고찰하시오.

풀이 암모니아성질소 보고서 작성 참조

05
10점
각 응시실 감독자가 응시자의 시험 분석과정에 대한 현장숙련정도 평가 실시

(응시자는 5번 문항 답안을 작성하지 않습니다.)

1. 원리 및 적용범위

전처리한 시료를 운반가스(Carrier Gas)에 의하여 크로마토 관내에 전개시켜 시료성분이 이동할 때 고정상과의 상호관계 차이에 의해 분리되는 각 성분의 크로마토그램을 이용하여 목적성분을 분석하는 방법으로 일반적으로 유기화합물에 대한 정성 및 정량분석에 이용한다.

2. 장치의 구성

GC는 주입부, 오븐, 컬럼, 검출기, 전산처리장치로 구성된다.

(1) 시료 주입부(Injector)

주입부의 주된 목적은 **액체시료를 기체상으로 변환시키며**, 시료가 분리관에 도달하기 전에 운반기체에 퍼지는 것을 최소화하고 기화되는 과정을 빨리 수행하도록 하는 것이다.

(2) 분리관(Column)

시료 중의 각 성분을 단일성분으로 분리하는 역할을 한다. 충진 컬럼(packed column)과 캐피럴리 컬럼(capilliary column)을 주로 사용한다. 환경분석에는 대부분 캐피럴리 컬럼을 사용한다. 제품으로는 지지체의 종류에 따라 DB−1, HP−1, DB−5, HP−5, VOCOL 등이 있다.

(3) 검출기(Detector)

분리관에 의해 분리된 성분들을 감응하는 장치이며, 용도에 따라 FID, ECD, NPD 등이 있다.

(4) 전산처리장치(Data system)

검출기에서 검출된 성분들을 그래픽으로 보여주며, 검출된 데이터를 처리한다.

3. 검출기의 종류

(1) 열전도도 검출기(Thermal Conductivity Detector, TCD)

열전도도 검출기는 금속 필라멘트(Filament) 또는 전기저항체(Thermister)를 검출소자로 하여 금속판(Block) 안에 들어 있는 본체와 여기에 안정된 직류전기를 공급하는 전원회로, 저류조절부, 신호검출 전기회로, 신호 감쇄부 등으로 구성한다.

물질별 열전도도 차이를 이용하며, 범용으로 사용되며, 일반적으로 가스를 분석하는 데 사용된다.

(2) 불꽃이온화 검출기(Flame Ionization Detector, FID)

불꽃이온화 검출기는 수소연소노즐(Nozzle), 이온수집기(Ion Collector)와 함께 대극 및 배기구로 구성되는 본체와 이 전극 사이에 직류전압을 주어 흐르는 이온전류를 측정하기 위한 전류전압 변환회로, 감도조절부, 신호감쇄부 등으로 구성한다.

일반적으로 탄화수소류 분석에 사용된다.

(3) 전자포획형 검출기(Electron Capture Detector, ECD)

전자포획형 검출기는 방사선 동위원소(63Ni, 3H 등)로부터 방출되는 β선이 운반가스를 전리하여 미소전류를 흘려보낼 때 시료 중의 할로겐이나 산소와 같이 전자포획력이 강한 화합물에 의하여 전자가 포획되어 전류가 감소하는 것을 이용하는 방법으로 유기할로겐화합물, 니트로화합물 및 유기금속화합물을 선택적으로 검출할 수 있다.

(4) 불꽃광도형 검출기(Flame Photometric Detector, FPD)

불꽃광도형 검출기는 수소염에 의하여 시료성분을 연소시키고 이때 발생하는 불꽃의 광도를 분광학적으로 측정하는 방법으로서 인 또는 황화합물을 선택적으로 검출할 수 있다.

(5) 불꽃열이온화 검출기(Flame Thermionic Detector, FTD)

불꽃열이온화 검출기는 불꽃이온화검출기(FID)에 알칼리 또는 알칼리토류 금속염의 튜브를 부착한 것으로 운반가스와 수소가스의 혼합부, 조연가스 공급구, 연소노즐, 알칼리원 가열기구, 전극 등으로 구성한다. 유기질소 화합물 및 유기염소 화합물을 선택적으로 검출할 수 있다.

4. 운반가스

운반가스는 충전물이나 시료에 대하여 불활성이고 사용하는 검출기의 작동에 적합한 것을 사용한다. 일반적으로 순도 99.99 % 이상의 질소 또는 헬륨을 사용한다.

5. 정성분석

정성분석은 동일 조건하에서 특정한 미지 성분의 머무름 값과 예측되는 물질(표준물질)의 봉우리의 머무름 값을 비교하여야 한다.

▼ 머무름값

머무름의 종류로는 머무름시간(Retention Time), 머무름용량(Retention Volume), 비머무름용량, 머무름비, 머무름지수 등이 있다. 머무름시간을 측정할 때는 3회 측정하여 그 평균값을 구한다. 일반적으로 5 ~ 30분 정도에서 측정하는 봉우리의 머무름시간은 반복시험을 할 때 ±3 % 오차 범위 이내이어야 한다. 머무름값의 표시는 무효부피(Dead Volume)의 보정유무를 기록하여야 한다.

···01 공정시험기준 리뷰

1. 개요

물속에 존재하는 유기인계 농약성분 중 다이아지논, 파라티온, 이피엔, 메틸디메톤 및 펜토에이트를 측정하는 것으로 채수한 시료를 헥산으로 추출하여 필요시 실리카겔 또는 플로리실 컬럼을 통과시켜 정제시켜 이 액을 농축시켜 기체크로마토그래프에 주입하고 크로마토그램을 작성하여 유기인을 확인하고 정량하는 방법이다.

2. 간섭물질

① 폴리테트라플루오로에틸렌(PTFE, polytetrafluoroethylene) 재질이 아닌 튜브, 봉합제 및 유속조절제의 사용을 피해야 한다.

② 높은 농도의 시료를 분석한 후에는 바탕시료를 분석하여 오염을 확인한다.

③ 실리카겔 컬럼 정제는 산, 염화페놀, 폴리클로로페녹시페놀 등의 극성화합물을 제거하기 위하여 수행하며, 사용 전에 정제하고 활성화시켜야 하거나 시판용 실리카 카트리지를 이용할 수 있다.

④ 플로리실 컬럼 정제는 시료에 유분의 관찰 또는 분석 후 시료 크로마토그램의 방해성분이 유분의 영향으로 판단될 경우에 수행하며 시판용 플로리실 카트리지를 이용할 수 있다.

3. 분석기기 및 기구

(1) 기체크로마토그래프(gas chromatograph)

① 컬럼 : DB-1, DB-5 등

② 운반기체 : 순도 99.999 % 이상의 질소 또는 헬륨

③ 검출기 : 불꽃광도검출기(FPD, flame photometric detector) 또는 질소인검출기(NPD, nitrogen phosphorous detector)

④ 분석조건 : 시료도입부 온도는 200 ℃ ~ 300 ℃, 컬럼온도는 50 ℃ ~ 300 ℃, 검출기온도는 270 ℃ ~ 300 ℃로 사용한다.

▼ 유기인 분석조건(예)

항 목	조 건						
컬럼	DB-5(30 m 길이 × 0.2 mm 안지름 × 0.33 μm 필름두께)						
운반기체(유속)	헬륨(1.0 mL/min)						
분획비	1/10						
주입구온도	250 ℃						
검출기 온도	FPD, 280 ℃						
오븐온도	초기온도	초기시간	승온속도	온도	승온속도	최종온도	최종시간
	(℃)	(min)	(℃/min)	(℃)	(℃/min)	(℃)	(min)
	70	2	20	200	5	280	5

(2) 농축장치 : 구데르나다니쉬(KD) 농축장치 또는 회전증발농축기 등

4. 시약 및 표준용액

(1) 시약

① 노말헥산

노말헥산(n-hexane, C_6H_{14}, 분자량 : 86.17)은 바탕시험 할 때 분석물질의 피크부근에 불순물 피크가 없는 것을 사용한다.

② 염화나트륨

염화나트륨(sodium chloride, NaCl, 분자량 : 58.44)은 바탕시험 할 때 분석물질의 피크부근에 불순물 피크가 없는 것을 사용한다.

③ 염산

염산(hydrochloric acid, HCl, 분자량 : 36.46, 함량 36.5 % ~ 38 %)은 바탕시험 할 때 분석물질의 피크부근에 불순물 피크가 없는 것을 사용한다.

④ 무수황산나트륨

무수황산나트륨(sodium sulfate, Na_2SO_4, 분자량 : 142.04)은 순도 98 % 이상의 시약용을 사용하며 필요시 사용하기 전에 400 ℃에서 4시간 이상 구워서 사용한다.

(2) 표준용액

① 다이아지논 표준용액(5 mg $C_{10}H_{19}O_5PS_2$/L)

다이아지논(98.0 % 이상) 적당량을 정확히 취하여 크로마토그래프용 노말헥산으로 정확히 5 mg/L로 희석한다. 또는 증명서가 첨부된 시판의 표준용액을 구입하여 사용할 수 있다.

② 파라티온 표준용액(5 mg $C_{10}H_{14}NO_5PS$/L)

파라티온(98.0 % 이상) 적당량을 정확히 취하여 크로마토그래프용 노말헥산으로 정확히 5 mg/L로 희석한다. 또는 증명서가 첨부된 시판의 표준용액을 구입하여 사용할 수 있다.

③ 혼합표준용액

① ～ ②의 표준용액을 동일 비율로 혼합하여 검정곡선용 혼합표준용액을 제조한다.

5. 정도보증/정도관리(QA/QC)

▼ 정도관리 목표값

정도관리 항목	정도관리 목표
정량한계	0.0005 mg/L
검정곡선	결정계수(R^2) ＞ 0.98 또는 감응계수(RF)의 상대표준편차 20 % 이내
정밀도	상대표준편차가 25 % 이내
정확도	75 % ～ 125 %

6. 분석절차

(1) 전처리

① 미지시료와 첨가시료를 제조한다.

② 시료 500 mL를 1 L 분액깔때기에 넣고, 염화나트륨 5 g을 녹이고, 염산으로 pH를 3 ～ 4로 조절 후 헥산 50 mL로 1회 추출, 헥산 25 mL씩 2회 추출한다.

[주] 헥산으로 추출하는 경우 메틸디메톤의 추출률이 낮아질 수도 있다. 이때에는 헥산 대신 다이클로로메탄과 헥산의 혼합용액(15 : 85)을 사용한다.

③ 헥산을 증류수 2 mL로 수세 후 무수황산나트륨으로 탈수 및 여과지로 여과 후 농축기로 농축하여 액량을 1 mL로 맞춘다.

(2) 검정곡선 작성

① 표준용액 0.5 mL ～ 10 mL를 단계적으로 취하여 10 mL 부피플라스크에 넣는다.

② 기체크로마토그래프용 헥산을 넣어 표선을 채운다.

③ 일정량을 미량주사기를 사용하여 기체크로마토그래프에 주입하고 크로마토그램을 작성하여 각 성분의 양과 피크의 높이 또는 면적과의 관계식을 작성한다.

(3) 미지시료 및 첨가시료 분석

미리 제조하여 헥산으로 추출한 미지시료와 첨가시료를 미량주사기로 일정량을 정확히 분취하여 기체크로마토그래프에 주입한다.

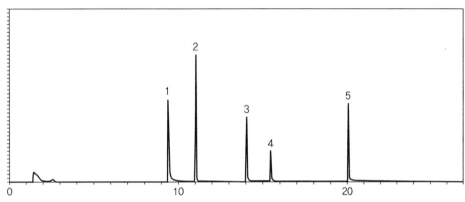

1 : 다이아지논, 2 : 파라티온, 3 : 펜토에이트, 4 : 메틸디메톤, 5 : EPN

∥ 유기인 크로마토그램 예(FPD) ∥

7. 결과보고

① 검정곡선을 이용하여 시료의 농도를 구한다.

$$농도 \ (\text{mg/L}) = \frac{A_s \times V_f}{W_d \times V_i}$$

여기서, A_s : 검정곡선에서 얻어진 유기인의 양 (ng)
$\qquad V_f$: 최종액량 (mL)
$\qquad W_d$: 시료의 양 (mL)
$\qquad V_i$: 시료의 주입량 (μL)

※ 유기인의 결과는 각 성분별 농도를 합산하여 표시한다.

② 시험분석보고서를 작성한다.

┅01 공정시험기준 리뷰

1. 측정원리

물속에 존재하는 휘발성 탄화수소 성분을 측정하기 위한 것으로, 채수한 시료를 헥산으로 추출하여 기체크로마토그래프를 이용하여 분석하는 방법이다.

2. 적용범위

정량한계는 0.002 mg/L이다. 단, 트리클로로에틸렌은 0.008 mg/L이다.

3. 휘발성유기화합물 분석에서 일반적인 주의사항 및 간섭물질

① 휘발성유기화합물의 미량분석에서는 유리기구, 정제수 및 분석기기의 오염을 방지하는 것이 중요
② 정제수는 공기 중의 휘발성유기화합물에 의하여 쉽게 오염되므로 바탕실험을 통해 오염여부를 잘 평가
③ 휘발성유기화합물은 잔류농약 분석과 같이 용매를 많이 사용하는 실험실에서 분석하는 경우 오염이 발생하므로 분리된 다른 장소에서 하는 것이 원칙

4. 휘발성유기화합물 시료채취 방법

① 시료병을 시료로 미리 세척하지 않는다.
② 시료병은 유리제 바이알을 사용한다.
③ 시료와 닿는 격막은 폴리테트라플루오로에틸렌(PTFE, polytetrafluoroethylene) 재질로 코팅이 된 것을 사용한다.
④ 시료는 공기방울이 생기지 않도록 조심스럽게 용기에 가득 채운다.
⑤ PTFE 재질로 코팅이 된 부분이 시료면과 접촉하도록 하고 빠르게 뚜껑을 닫는다.
  [주1] 휘발성유기화합물 분석용 시료를 채취할 때에는 뚜껑의 격막을 만지지 않도록 주의하여야 한다.
  [주2] 병을 뒤집어 공기방울이 확인되면 다시 채취해야 한다.

5. 분석기기 및 기구

(1) 기체크로마토그래프/전자포획검출기(ECD)

① 컬럼 : DB-1, DB-5 및 DB-624 등

② 분석조건

운반기체는 순도 99.999 % 이상의 질소로 유량은 0.5 mL/min ~ 2 mL/min, 시료도입부 온도는 150 ℃ ~ 250 ℃, 컬럼온도는 35 ℃ ~ 250 ℃, 검출기온도는 250 ℃ ~ 280 ℃로 사용한다.

(2) 분석기구

① 부피플라스크

부피플라스크는 50 mL 부피의 유리마개가 달린 것을 사용한다.

② 미량주사기

미량주사기는 10 μL, 25 μL, 100 μL 부피 등의 액체용 주사기를 사용한다.

6. 시약 및 표준용액

(1) 시약

① 메탄올

메탄올(methanol, CH_3OH, 분자량 : 32.04)은 바탕시험 할 때 분석물질의 피크부근에 불순물 피크가 없는 것을 사용한다. 또는 기체크로마토그래피용을 사용한다.

② 헥산

헥산은 바탕시험 할 때 분석물질의 피크부근에 불순물 피크가 없는 것을 사용한다. 또는 기체크로마토그래피용을 사용한다. ECD에서 헥산은 검출되지 않는다.

(2) 표준용액

① 표준원액

휘발성유기화합물을 고순도의 시약을 사용하여 제조하여 사용한다. 그러나 국제적으로 잘 알려진 표준물질 제조회사로부터 구입하여 사용하는 것이 좋다.

② 혼합표준용액

10 mL 부피플라스크에 메탄올 약 5 mL를 넣은 후, 표준원액(1,000 mg/L) 일정액을 정확히 취하여 넣고 메탄올을 첨가하여 표선을 채운다. 이 용액은 될 수 있는 대로 여러 개의

바이알에 공기층이 남지 않도록 나누어 넣은 다음 밀봉하고 매 분석 시 제조하여 사용한다. 필요시 이 용액을 단계적으로 희석하여 사용한다.

7. 정도보증/정도관리(QA/QC)

▼ 정도관리 목표값

정도관리 항목	정도관리 목표
정량한계	0.002 mg/L(단, 트리클로로에틸렌은 0.008 mg/L)
검정곡선	결정계수(R^2) ≥ 0.98 또는 감응계수(RF)의 상대표준편차 ≤ 25 %
정밀도	상대편차가 ± 25 % 이내
정확도	75 % ~ 125 %

8. 분석절차

(1) 전처리(추출)

채취한 시료 40 mL를 50 mL 공전 부피실린더에 조용히 옮기고 기체크로마토그래프용 헥산 10 mL를 넣어 밀봉한 다음 10초 ~ 20초간 흔들어 섞고 정치한다.

(2) 검정곡선 작성(검정곡선법)

① 헥산 5 mL를 정확히 취하여 10 mL 부피플라스크에 주입한 다음, 휘발성유기화합물 혼합표준용액(1.0 mg/L)을 단계적으로 취하여 3개 농도 이상으로 첨가한 후 헥산으로 표선을 맞춘다.

② 준비한 표준용액을 기체크로마토그래프로 주입하여 분석한 크로마토그램으로부터 각 분석성분의 머무름시간을 확인하고 피크면적을 측정하여 농도를 구한다.

③ 휘발성유기화합물의 농도(mg/L)를 가로축(x 축)에, 각 휘발성유기화합물에 해당하는 피크면적을 세로축(y 축)에 취하여 검정곡선을 작성한다.

(3) 미지시료 및 첨가시료 분석

① 미지시료와 첨가시료를 제조한다.

② 미지시료와 첨가시료를 전처리방법으로 추출한다.

③ 미지시료와 첨가시료를 추출한 시험용액을 마이크로 실린지로 정확히 분취하여 GC에 주입한다.

(4) 결과보고

① 검정곡선을 이용하여 시료의 농도를 계산한다.

분석물질별 피크의 면적(A_x)을 구한 다음 검정곡선식의 $y(i)$값에 대입하여 $x(i)$값을 계산하면 분석물질의 농도(mg/L)를 구할 수 있다.

$$농도\ (\mathrm{mg/L}) = \frac{A_x - b}{a}$$

여기서, a : 검정곡선의 기울기
b : 검정곡선의 절편 값

② 시험분석보고서를 작성한다.

···02 TCE, PCE 분석 예시

1. 표준용액 제조

① 표준용액 및 시료 제조용 정제수를 비커 또는 적당한 유리 용기에 붓는다. 이때 희석용으로 제공되는 별도의 물(생수, 정제수 등)이 있는 경우 제공되는 물을 사용한다.

② 바탕시험용액, 작업용 표준용액(0.01, 0.02, 0.05, 0.1, 0.2 ppm) 또는 (0.02, 0.05, 0.1, 0.2, 0.5 ppm), 첨가시료를 제조하기 위하여 10 mL 부피플라스크를 준비한다.

③ 100 ppm 또는 1,000 ppm의 표준원액으로 제조된 10 ppm 표준용액을 미량주사기 또는 부피피펫을 사용하여 10 mL 부피플라스크에 메탄올로 10배 희석하여 1 ppm의 표준용액을 만든다. 표준용액을 넣은 후에는 즉시 파스퇴르 피펫을 사용하여 메탄올로 표선까지 채우고 마개를 한 후에 흔들어서 용액이 균질하게 되도록 한다.

④ 제조된 1 ppm 표준용액을 미량주사기 또는 부피피펫을 이용하여 작업용 표준용액과 첨가시료를 희석하여 만든다. 이때 부피플라스크의 표선까지 채울 때에는 반드시 파스퇴르 피펫을 사용한다.

⑤ 적절한 눈금피펫으로 정제수 40 mL를 50 mL 공전플라스크에 넣고 여기에 표준용액(10 ppm)을 0.1 mL 넣는다. 여기에 부피피펫을 이용하여 헥산 10 mL를 넣고 즉시 마개를 한 다음 흔들고 정치하여 완전히 층이 분리될 때까지 기다린다.

⑥ GC용 바이알에 라벨링을 하고 바탕시험용액, 표준용액을 바이알에 옮기고 뚜껑을 닫는다. 그리고 헥산으로 추출한 시료는 파스퇴르 피펫으로 헥산 층을 일부 분취하여 바이알에 넣는다.

2. 측정

① 미리 켜둔 GC에서 운영 프로그램을 작동시킨다.

② Method(주입구온도, 오븐온도, 가스유량 등), Sequence(sample list : 표준용액 개수, 시료수 등)를 작성한다.

③ sample 명을 적고 바탕시험용액, 표준용액 1, 2, 3, 4, 5 그리고 시료순서로 10 uL 미량주사기 를 이용하여 동일한 양(1 ~ 2 uL)을 주입구에 주입하여 분석한다.

④ 분석을 완료한 후에 크로마토그램을 확인하고 프로그램을 이용하여 검정곡선(calibration)을 작 성하고 **바탕시료의 농도, 시료의 농도, 수식, 결정계수(R^2), 추세선식**을 확인한다. 크로마토그램은 일반적으로 TCE가 PCE보다 앞에 나타난다.

이때 주의사항으로 반드시 자신이 측정한 것을 자신에게 주어진 파일명으로 저장한다.

⑤ 모든 결과는 인쇄를 하고 시험보고서를 작성한다. 결과물(원자료)은 시험보고서 제출 시 함께 제 출한다.

유기물질 보고서 작성 방법

01 평가항목의 시험분석 일반사항에 대해 답하시오.
5점

(1) 전처리과정을 포함한 전체 실험과정을 적고, 발생 가능한 오차요인을 기술하시오.

풀이 1. 용매추출법 전처리 과정과 시험자가 수행한 실험과정을 상세히 기술한다.
2. 오차 요인은 용매추출에 따른 발생 가능한 오차요인, 휘발성유기화합물 시험의 일반적 주의 사항[공정시험기준 리뷰 : 3. 휘발성유기화합물 분석에서 일반적인 주의사항 및 간섭물질], 시험자가 실험을 수행하면서 발견한 오차 요인을 함께 기술한다.

(2) 휘발성유기화합물 분석을 위한 시료 채취 시 주의사항을 적으시오.

풀이 공정시험기준 리뷰 : 4. 휘발성유기화합물 시료채취 방법 기술

02 평가항목의 시험 분석과정에 대해 답하시오.
5점

(1) 표준원액(100 mg/L)을 이용한 표준용액 조제 및 검정곡선(영점제외 5 points) 작성 과정을 적고, 고려하여야 할 사항을 적으시오.(공정시험기준 농도범위, 메탄올로 희석)

풀이 1. 미량주사기 또는 피펫, 부피플라스크를 사용하여 검정곡선용 표준용액을 제조한 과정을 기술한다.
2. 고려사항은 주의사항으로 취급 시 오염문제, 미량주사기 취급 방법 등을 기술한다.

(2) 기기분석 조건을 적고, 기기분석 시 주의하여야 할 사항을 기술하시오.

풀이 1. 기기의 분석조건을 프린트하여 기기분석 조건을 기술한다.
① 주입구온도, 주입방법[split ratio], 주입량, 가스 유량 등
② 오븐의 온도 조건, 컬럼규격 등
③ 검출기 종류, 가스, 검출기 온도 등
2. 기기분석 시 주의 사항은 온도, 가스 유량 등 일반적인 주의 사항과, 시험자가 수행 시 발견한 주의사항[수동 주입에 따른 사항 등]을 기술한다.

03
40점
다음과 같이 시험분석과정을 수행하고, 시험분석보고서 양식에 따라 결과값을 작성하여 제출하시오. 제출 시 단계별로 기기 원 분석자료(raw data)를 함께 첨부하시오.

금속류 분석 보고서 작성 참조

(1) 제공된 표준원액(100 mg/L in Methanol)을 이용하여 검정곡선(영점제외 5 points)을 작성하시오.
  • 검정곡선 결과값을 구하고, raw data를 함께 제출하시오.

  ※ 표준원액 희석 시 메탄올로 희석하여 분석

(2) 미지시료에 대한 농도값(mg/L)을 구하시오.
  • 실험에 앞서 제공된 미지시료를 메탄올로 100배 희석하여 3개의 측정용 시료로 조제하시오 (단, 측정용 시료(희석)의 농도 범위는 0.1 ~ 1.0 mg/L로 추가 희석은 응시자의 판단 하에 수행한다).

  • 측정용 시료 3개를 전처리과정 없이 기기분석 하여 농도값(mg/L, 소수점 이하 셋째 자리까지 표기) 및 상대표준편차(%)를 구하고, 희석배수를 고려한 미지시료의 최종 농도값과 raw data를 함께 제출하시오.

  • 산출식 및 산출과정을 답안지에 자세히 기술하시오.

(3) 첨가시료에 대한 정확도를 구하시오.(제공된 먹는 샘물에 표준원액을 첨가하여 제조)

금속류 분석 보고서 작성 참조

  • 첨가시료는 공전부피실린더에 정제수 40 mL를 넣고, 표준원액(100 mg/L in Methanol) 25 μL를 각각 첨가하여 3개의 시료를 조제하시오.

  • 전처리는 휘발성유기화합물 용매추출/기체크로마토그래프법의 전처리 방법에 준하여 수행하시오.(기기분석시 기 수행한 검량선(용매 : 메탄올)을 이용하여 정량하시오)

  • 전처리 한 첨가시료를 각각 기기분석 하여 농도(mg/L, 소수점 이하 셋째 자리까지 표기), 정밀도(상대표준편차)(%), 정확도(%)을 구하고, 희석배수를 고려한 첨가시료의 최종 농도값과 raw data를 함께 제출하시오.

  • 산출식 및 산출과정을 답안지에 자세히 기술하시오.

  • 첨가시료를 이용한 정확도 시험 분석과정의 필요성을 적으시오.

(4) 방법바탕시료를 점검하는 이유에 대해 기술하고 raw data를 함께 제출하시오.

> **풀이** 1. 방법바탕시료 점검 이유 : 바탕시료는 수행된 실험 결과의 보정과 수행된 실험의 유효성을 점검
>   한다.
>   2. 원자료는 방법바탕시료를 분석한 결과값과 크로마토그램을 함께 첨부하여 제출한다.

04
10점

응시자가 수행한 시험 분석과정과 그 결과값에 대해 종합적으로 고찰하시오.

> **풀이** 금속류 분석 보고서 작성 참조

05
10점

각 응시실 감독자가 응시자의 시험 분석과정에 대한 현장숙련정도 평가 실시

(응시자는 5번 문항 답안을 작성하지 않습니다.)

구술형 시험

SECTION

001

ENVIRONMENTAL MEASUREMENT

PART 01
PART 02
PART 03

2009년 수질 구술형

⋯01 수질분야

출제범위	출제문제
일반항목	1. 측정 및 기기원리에 관한 사항(10점) 　○ 흡광광도법의 원리에 대해 설명하시오. 　○ BOD, CODMn(산성법), TOC의 측정원리에 대해 설명하시오. 2. 정도관리에 관한 사항(10점) 　○ 정밀도(Precision)와 정확도(Accuracy)의 의미와 차이점에 대해 설명하시오. 　○ 방법검출한계(MDL)의 정의와 계산식에 대해 설명하시오. 3. 실험보고서에 관한 사항(10점) : 실험보고서를 토대로 평가 실시

01 측정 및 기기원리에 관한 사항
10점

○ 흡광광도법의 원리에 대해 설명하시오.

풀이 자외선/가시선 분광법(흡광광도법)은 일반적으로 광원으로 나오는 빛을 단색화장치(Monochrometer)에 의하여 좁은 파장범위의 빛만을 선택하여 용액층을 통과시킨 다음 광전측광으로 흡광도를 측정하여 목적 성분의 농도를 정량하는 방법으로 램버트-비어(Lambert-Beer)의 법칙에 따른다.

① 램버트-비어 법칙은 용액의 농도와 흡광도는 비례한다는 원리이며,

　흡광도 $A = \varepsilon c l$로 나타낼 수 있다. 여기서,

　　　c : 농도

　　　l : 빛의 투과거리

　　　ε : 비례상수로서 흡광계수라 하고, $c = 1\text{mol}$, $l = 10\text{mm}$일 때의 ε의 값을 몰흡광계수라 하며 K로 표시한다.

② 램버트-비어 법칙의 한계

　램버트-비어 법칙은 저농도(0.01 M 이하)에서 직선성을 갖는다. 즉 고농도로 발색강도가 크면 농도와의 비례관계 성립이 어려워 검정곡선이 휘어지게 된다. 따라서 일반적으로 환경분석에서 직선성 유지를 위하여 최대 흡광도를 0.6 이하가 되도록 한다.

○ BOD, CODMn(산성법), TOC의 측정원리에 대해 설명하시오.

풀이 1. BOD
물속에 존재하는 생물화학적 산소요구량을 측정하기 위하여 시료를 20 ℃에서 5일간 저장하여 두었을 때 시료 중의 호기성 미생물의 증식과 호흡작용에 의하여 소비되는 용존산소의 양으로부터 측정하는 방법이다.

2. CODMn(산성법)
물속에 존재하는 화학적 산소요구량을 측정하기 위하여 시료를 황산산성으로 하여 **과망간산칼륨** 일정과량을 넣고 30분간 수욕상에서 가열반응시킨 다음 소비된 **과망간산칼륨양**으로부터 이에 상당하는 산소의 양을 측정하는 방법이다.

3. TOC
(1) 총 유기탄소 – 고온연소산화법
물속에 존재하는 총 유기탄소를 측정하기 위하여 시료 적당량을 산화성 촉매로 충전된 고온의 연소기에 넣은 후에 **연소를 통해서 수중의 유기탄소를 이산화탄소(CO_2)로 산화시켜 정량하는 방법**이다. 정량방법은 무기성 탄소를 사전에 제거하여 측정하거나, 무기성 탄소를 측정한 후 총 탄소에서 감하여 총 유기탄소의 양을 구한다.

(2) 총 유기탄소 – 과황산 UV 및 과황산 열 산화법
물속에 존재하는 총 유기탄소를 측정하기 위하여 **시료에 과황산염을 넣어 자외선이나 가열로 수중의 유기탄소를 이산화탄소로 산화하여 정량하는 방법**이다. 정량방법은 무기성 탄소를 사전에 제거하여 측정하거나, 무기성 탄소를 측정한 후 총 탄소에서 감하여 총 유기탄소의 양을 구한다.

02 정도관리에 관한 사항
10점

○ **정밀도(Precision)와 정확도(Accuracy)의 의미와 차이점에 대해 설명하시오.**

풀이   1. 정밀도(precision)

    ① 정의 : 시험분석 결과의 반복성을 나타낸다.

    ② 측정 및 계산 : 반복 시험하여 얻은 결과를 상대표준편차(RSD, relative standard deviation)로 나타내며, 연속적으로 n회 측정한 결과의 **평균값**($\bar{x}$)**과 표준편차**(s)로 구한다. 공정시험기준에서는 정량한계 농도의 2배 ~ 10배 또는 검정곡선의 중간농도가 되도록 동일하게 표준물질을 첨가한 시료를 4개 이상 준비하여, 분석절차와 동일하게 측정하여 평균값과 표준편차를 구하도록 하고 있다.

$$\text{정밀도 (\%)} = \frac{s}{x} \times 100$$

2. 정확도(accuracy)

    ① 정의 : 시험분석 결과가 **참값에 얼마나 근접하는가**를 나타낸다.

    ② 측정 및 계산

      ㉠ 동일한 매질의 인증시료를 확보할 수 있는 경우 : 표준절차서(SOP)에 따라 인증표준물질을 분석한 결과값(C_M)과 인증값(C_C)과의 상대백분율로 구한다.

      ㉡ 인증시료를 확보할 수 없는 경우 : 해당 **표준물질을 첨가하여 시료를 분석한 분석값** (C_{AM})과 첨가하지 않은 시료의 분석값(C_S)과의 차이를 첨가 농도(C_A)의 상대백분율 또는 회수율로 구한다. 공정시험기준에서는 정밀도 시험과 동일하게 시료를 준비하여 측정한 후에 회수율을 계산한다.

$$\text{정확도 (\%)} = \frac{C_M}{C_C} \times 100 = \frac{C_{AM} - C_S}{C_A} \times 100$$

3. 차이점

    ① 정밀도는 시험결과의 반복성 즉 재현성을 나타내므로 분석결과가 참값에서 거리가 먼 경우도 생길 수 있다. 따라서 정밀도가 좋다고 반드시 정확도가 높다고 볼 수는 없다.

    ② 반면에 정확도는 재현성보다는 결과 값이 참값에 얼마나 근접한가를 다루기 때문에 비록 정밀도는 나쁜 값을 나타내어도 경우에 따라서는 정확도가 높을 수도 있다.

    ③ 따라서 시험·분석에서는 **정확도와 정밀도 모두 좋은 값을 나타내어야** 이상적이라고 할 수 있다.

○ **방법검출한계(MDL)의 정의와 계산식에 대해 설명하시오**

풀이 1. 정의 : 시료와 비슷한 매질 중에서 시험분석 대상을 검출할 수 있는 최소한의 농도

2. 측정 및 계산

제시된 정량한계 부근의 농도를 포함하도록 준비한 n개의 시료[일반적으로 7개]를 반복 측정하여 얻은 결과의 **표준편차**(s)에 99 % 신뢰도에서의 $t-$**분포값**[3.14]을 곱하여 구한다.

$$\text{방법검출한계} = t_{(n-1,\ \alpha = 0.01)} \times s$$
$$= 3.14 \times s$$

출제범위	출제문제
중금속	1. 측정 및 기기원리에 관한 사항(10점) 　◦ 원자흡수분광법(AAS)과 원자방출광법(AES)의 차이점을 설명하시오. 　◦ 중금속 전처리 시 산분해방법에 대해 설명하시오. 2. 정도관리에 관한 사항(10점) 　◦ 바탕시료 분석결과, 평소보다 높은 결과가 나타나는 경우에 검토하여야 할 사항은 무엇인가? 　◦ 시료 분석결과가 검정곡선 범위를 벗어나는 경우 해결방안에 대하여 설명하시오. 3. 실험보고서에 관한 사항(10점) : 실험보고서를 토대로 평가 실시

01 측정 및 기기원리에 관한 사항
10점

　◦ 원자흡수분광법(AAS)과 원자방출분광법(AES)의 차이점을 설명하시오.

풀이

구분	AAS	AES
광원	별도의 광원 램프(속빈음극램프 또는 중공음극램프)가 있다.	별도의 광원 램프가 없다.
분석방법 및 간섭효과	저온에서 중성원자 상태를 분석하는 것으로 원자화과정에서 화학적 방해가 일어난다.	고온에서 분석이 이루어지므로 중성원자 상태를 거치지 않고 이온으로 들뜨게 하여 방출하는 파장을 측정함으로써 화학적 방해가 적다.
분석시간	한 번에 한 원소씩 검출 및 정량 가능하여 순차적으로 시간이 많이 걸린다.	동시에 여러 원소를 들뜨게 하여 동시분석이 가능하여 시간이 단축된다.
경제성	장치의 가격이 싸며, 유지비용이 적다.	장치의 가격이 비싸다.
정밀성	정밀성이 높다.	선택성이 높고 정성에 많이 사용된다.
장비 운영	비교적 장비의 운영이 쉬워서 덜 숙련된 사용자도 좋은 결과를 가져올 수 있다.	운영자에 대한 장비의 숙련도를 요구한다.

　◦ 중금속 전처리 시 산분해방법에 대해 설명하시오

풀이 1. 산분해법

시료에 산을 첨가하고 가열하여 시료 중의 유기물 및 방해물질을 제거하는 방법이다. 이 과정에서 시료 중의 유기물 및 방해물질은 산에 의해 분해되고 이들과 착화합물을 형성하고 있던 중금속류는 이온 상태로 시료 중에 존재하게 된다.

① 질산법 : 유기함량이 비교적 높지 않은 시료의 전처리

② 질산-염산법 : 유기물 함량이 비교적 높지 않고 금속의 수산화물, 산화물, 인산염 및 황화물을 함유하고 있는 시료에 적용. 휘발성 또는 난용성 염화물을 생성하는 금속 물질의 분석에는 주의한다.

③ 질산-황산법 : 유기물 등을 많이 함유하고 있는 대부분의 시료에 적용. 그러나 칼슘, 바륨, 납 등을 다량 함유한 시료는 난용성의 황산염을 생성하여 다른 금속성분을 흡착하므로 주의한다.

④ 질산-과염소산법 : 유기물을 다량 함유하고 있으면서 산분해가 어려운 시료에 적용.

   [주] 과염소산을 넣을 경우 질산이 공존하지 않으면 폭발할 위험이 있으므로 반드시 질산을 먼저 넣어주어야 하며, 어떠한 경우에도 유기물을 함유한 뜨거운 용액에 과염소산을 넣어서는 안 된다.

⑤ 질산-과염소산-불화수소산 : 다량의 점토질 또는 규산염을 함유한 시료에 적용.

2. 마이크로파 산분해법

전반적인 처리 절차 및 원리는 산분해법과 같으나 마이크로파를 이용해서 시료를 가열하는 것이 다르다. 마이크로파를 이용하여 시료를 가열할 경우 고온 고압 하에서 조작할 수 있어 전처리 효율이 좋아진다.

① 이 방법은 밀폐 용기를 이용한 마이크로파 장치에 의한 방법에 적용되는 방법이다.

② 이 방법은 유기물을 다량 함유하고 있으면서 산분해가 어려운 시료에 적용된다.

02 정도관리에 관한 사항
10점

○ **바탕시료 분석결과, 평소보다 높은 결과가 나타나는 경우에 검토하여야 할 사항은 무엇인가?**

풀이 바탕시험은 시험과정에서 사용된 정제수, 시약, 용기, 분석기기 및 기구 등이 시험환경 등에 의해 오염이 되었는지 판단할 수 있는 지표이다. 따라서 바탕시험값이 평소보다 높은 경우 이러한 오염 가능성이 있는 부분을 점검하고 오염 원인을 제거해야 한다.

○ **시료 분석결과가 검정곡선 범위를 벗어나는 경우 해결방안에 대하여 설명하시오.**

풀이 수질오염공정시험기준 및 먹는물수질공정시험기준에서는 측정값이 검정곡선의 범위를 벗어나는 경우에는 시료를 묽혀서(희석해서) 재분석하도록 규정하고 있다. 따라서 시험자는 시료를 분석한 결과값이 검정곡선의 농도범위를 벗어나면 시료를 희석해서 재분석하여야 한다.

출 제 범 위	출 제 문 제
유기물질	1. 측정 및 기기원리에 관한 사항(10점) 　◦ GC에서 시료주입장치의 종류와 그 특성에 대해 설명하시오. 　◦ 휘발성탄화수소 시험방법 중 헤드스페이스법과 퍼지트랩법의 장 · 단점을 설명하시오. 2. 정도관리에 관한 사항(10점) 　◦ 실험실 내의 정도관리를 위해 수행하는 실험에 대해 설명하시오. 　◦ 검출한계의 종류와 그 의미에 대해 설명하시오. 3. 실험보고서에 관한 사항(10점) : 실험보고서를 토대로 평가 실시

01 측정 및 기기원리에 관한 사항
10점

　◦ **GC에서 시료주입장치의 종류와 그 특성에 대해 설명하시오.**

풀이 　1. 종류 : 자동주입장치[자동주입장치(auto‒injector 또는 auto‒sampler), 퍼지 · 트랩 장치, 헤드스페이스 장치], 수동주입

2. 특성
　(1) 자동주입
　　① 자동주입장치(auto‒injector 또는 auto‒sampler) : 주로 **액상시료를 주입**하는 장치이다. 미량주사기를 사용하여 1 ∼ 2 uL 정도로 자동으로 시료를 채취하여 주입하는 장치리며, 현재 대부분의 GC분석에 사용된다.
　　② 퍼지 · 트랩 장치 : 휘발성유기화합물 분석에 주로 사용된다. **시료를 불활성기체로 퍼지(purge)시켜 기상으로 추출한 다음 트랩관으로 흡착 · 농축하고, 가열 · 탈착시켜 모세관 컬럼을 사용한 기체크로마토그래프로 분석하는 장치이며, 감도가 뛰어나지만 오염이 심한 폐수에 적용이 어렵다.**
　　③ 헤드스페이스 장치 : 휘발성유기화합물 분석에 주로 사용된다. 바이알에 일정 시료를 넣고 캡으로 완전히 밀폐시킨 후 시료의 온도를 일정 온도 및 일정 시간 동안 가열할 때 휘발성유기화합물들이 상부공간(헤드 스페이스)으로 기화되어 평형상태에 이르게 되고 이 기체의 일부를 측정 장비로 주입하여 분석하는 장치이며, 오염이 심한 폐수, 고상의 시료분석에 적용이 가능하다.

　(2) 수동주입
　　매뉴얼 방식(수동 주입)으로 시험자가 직접 시료를 미량주사기 또는 가스용 주사기로 시료를 분취하여 GC의 주입구에 주입하는 방법이다.

　(3) 주입방식 : **분할/비분할(split/splitless)**, on‒column 등이 있으며 일반적으로 환경분석에서는 분할/비분할(split/splitless)방법이 사용된다.

○ 휘발성탄화수소 시험방법 중 헤드스페이스법과 퍼지트랩법의 장·단점을 설명하시오.

구분	P&T	Head Space
시험방법	휘발성유기화합물을 불활성기체로 퍼지(purge)시켜 기상으로 추출한 다음 트랩관으로 흡착·농축하고, 가열·탈착시켜 모세관 컬럼을 사용한 기체크로마토그래프로 분석하는 방법이다.	바이알에 일정 시료를 넣고 캡으로 완전히 밀폐시킨 후 시료의 온도를 일정 온도 및 일정 시간 동안 가열할 때 휘발성유기화합물들이 상부공간(헤드 스페이스)으로 기화되어 평형상태에 이르게 되고 이 기체의 일부를 측정 장비로 주입하여 분석하는 방법이다.
장점	• 상대적으로 감도가 좋다.	• 비교적 오염이 많이 된 물 중에 휘발성유기화합물의 분석에도 적용한다. • 고상 시료에도 적용이 가능하다. • 장치의 오염이 잘 되지 않는다.
단점	• 용해도가 2 % 이상이거나 끓는점이 200 ℃ 이상인 화합물은 낮은 회수율을 보인다. • 시료가 액상인 경우에만 적용이 가능하다. • 장치가 오염되기 쉽다. 따라서 오염이 심한 폐수에 적용이 어렵다.	• 상대적으로 P&T방법에 비해 감도가 나쁘다.

02 정도관리에 관한 사항
10점

○ 실험실 내의 정도관리를 위해 수행하는 실험에 대해 설명하시오.

풀이

1. 내부정도관리

수질오염공정시험기준과 먹는물수질공정시험기준에서는 실험실 내의 정도관리를 위해 내부정도관리를 연 1회 이상 실시하도록 규정하고 있는데, 여기에는 **방법검출한계 및 정량한계**, 정확도 및 정밀도 시험을 수행해야 한다. 이와 함께 시험과정의 오염유무확인을 위한 **바탕시료시험**, 정밀도를 위한 **현장이중시료시험**, 검정곡선 검증 등을 수행한다.

단, 분석자의 교체, 분석 장비의 수리 및 이동 등의 주요 변동사항이 생길 경우와 장비의 청소 및 측정 장비의 감도가 의심될 때에는 언제든지 측정하여 확인한다.

2. 외부 정도관리

이외에도 필요에 따라 외부기관에 의한 정도관리 프로그램에 참여하여 실험실의 정도관리를 수행한다.

○ **검출한계의 종류와 그 의미에 대해 설명하시오.**

풀이 1. 검출한계의 종류 : 기기검출한계, 방법검출한계

2. 검출한계의 의미
   ① 정의 : 검출 가능한 최소량을 의미하며, 정량 가능할 필요는 없다.

   ② 검출한계를 구하는 방법
      ㉠ 시각적 평가에 근거하는 방법
         검출한계에 가깝다고 생각되는 농도를 알고 있는 시료를 반복 분석하여 **분석대상물질이 확실하게 검출 가능하다는 것을 확인**하고 이를 검출한계로 지정하는 방법

      ㉡ 신호(signal) 대 잡음(noise)에 근거하는 방법
         농도를 알고 있는 낮은 농도의 시료의 신호를 바탕시료의 신호와 비교하여 구하는 방법으로 **신호 대 잡음비가 2배 ~ 3배로 나타나는 분석대상물질 농도를 검출한계로 하며**, 일반적으로 ICP, AAS와 크로마토그래프에 적용할 수 있음

      ㉢ 반응의 표준편차와 검정곡선의 기울기에 근거하는 방법
         반응의 표준편차와 검량선의 기울기에 근거하는 방법은 아래의 식과 같이 반응의 **표준편차를 검량선의 기울기로 나눈 값에 3.3을 곱하여 산출함**

      $$\text{DL(detecton limit)} = 3.3\ \sigma/S$$

      여기서, σ : 반응의 표준편차
      S : 검량선의 기울기

3. 기기검출한계
   ① 정의 : 분석기기에 직접 시료를 주입할 때 **검출 가능한 최소량**이다.
   ② 측정방법 : 기기검출한계는 일반적으로 S/N(signal/noise)비의 2배 ~ 5배 농도, 또는 **바탕시료에 대한 반복 시험 · 검사한 결과의 표준 편차의 3배**에 해당하는 농도로 하거나, 분석장비 제조사에서 제시한 검출한계값을 기기검출한계로 사용할 수 있다.

4. 방법검출한계
   ① 정의 : 방법검출한계는 시료를 전처리 및 분석 과정을 포함한 해당 시험방법에 의해 시험 · 검사한 결과가 검출가능한 최소 농도로서, 어떠한 매질 종류에 측정항목이 포함된 시료를 시험방법에 의해 시험 · 검사한 결과가 99 % 신뢰 수준에서 0보다 분명히 큰 최소 농도이다.

   ② 측정 및 계산 방법 : 방법검출한계 산출방법은 검출이 가능한 정도의 측정 항목 농도를 가진 최소 7개 시료를 시험방법으로 분석하고 각 시료에 대한 **표준편차(s)와 자유도 $n-1$의 t 분포값 3.143**(신뢰도 98 %에서 자유도 6에 대한 값)을 곱하여 구한다.

   $$\text{방법검출한계(MDL)} = 3.14 \times s$$

SECTION 002 2010년 수질 구술형

ENVIRONMENTAL MEASUREMENT

┅01 수질분야 일반항목

출 제 범 위	출 제 문 제
측정분석의 전문성 I [시료채취]	1. Lambert – Beer의 법칙은 무엇이고 이 방법의 제한성은 무엇인가?
	2. BOD의 대상은 탄소와 질소함유 유기물을 모두 포함하는지 여부와 그 이유를 설명하고 희석수의 구비요건을 설명하시오.
	3. 하수에 존재하는 질소의 형태, 질소순환, 여러 형태의 질소와 총질소의 관계를 설명하시오.
	4. 해산물 가공업 세척폐수에 대하여 부유물질을 측정하고자 할 때 주의하여야 할 점을 설명하시오.
측정분석의 이해도 II [시료분석]	1. 본인이 수행한 실험에 대해 종합적으로 고찰하시오. (시료 전처리, 기기 분석, 계산 및 평가 과정 등)
	2. 검출한계, 기기검출한계, 방법검출한계, 방법정량한계에 대해 간략하게 설명하시오.
측정분석의 전문성 III [시료분석]	1. 측정분석자에게 필요한 기초 지식이 화학, 생물, 물리, 약학, 환경과학, 전기 공학, 통계학, 의학 등 다양한 분야에 이르고 있다. 다음 질문에 답하시오. ① 지원자는 위의 기초지식 중에 어느 분야에 자신이 있는지와 이 기초지식이 어떻게 중요하게 활용되는지를 설명하시오. ② 지원자는 위의 기초지식 중에 어느 분야에 가장 자신이 없으며 이로 인해 어려움을 겪었던 사례를 예를 들어 설명하시오.
	2. 바탕시료의 정도관리 요소로 방법바탕시료와 시약바탕시료의 차이를 설명하시오.
	3. 페놀 측정 시 클로로폼 추출법을 적용할 때 유의하여야 할 사항은 무엇인가?

01 측정분석의 전문성 I [시료채취]

1. Lambert–Beer의 법칙은 무엇이고 이 방법의 제한성은 무엇인가?

풀이 1. Lambert–Beer 법칙

램버트–비어 법칙은 용액의 농도와 흡광도가 비례한다는 법칙으로 흡광도 $A = \varepsilon c l$로 나타낸다. 강도 I_o 되는 단색광선이 농도 c, 길이 l 되는 용액층을 통과하면 이 용액에 빛이 흡수되어 입사광의 강도가 감소한다. 통과한 직후의 빛의 강도 I_t와 I_o 사이에는 램버트–비어(Lambert–Beer)의 법칙에 의하여 다음의 관계가 성립된다.

$$I_t = I_o \cdot 10^{-\varepsilon d}$$

여기서, I_o : 입사광의 강도

I_t : 투사광의 강도

c : 농도

l : 빛의 투과거리

ε : 비례상수로서 흡광계수라 하고, $c = 1$ mol, $l = 10$ mm일 때의 ε의 값을 몰 흡광계수라 하며 K로 표시한다.

I_t와 I_o의 관계에서 $\dfrac{I_t}{I_o} = t$를 투과도, 이 투과도를 백분율로 표시한 것

즉, $t \times 100 = T$를 투과 퍼센트라 하고 **투과도의 역수(逆數)**의 상용대수 즉

$\log \dfrac{l}{t} = - \log t = A$를 흡광도라 한다.

2. 이 방법의 제한성(적용의 한계)

① Beer법칙의 본질적인 한계로 **저농도(0.01 M 이하)**에서 직선성을 갖는다. 즉 고농도로 발색 강도가 크면 농도와의 비례관계 성립이 어려워 검정곡선이 휘어지게 된다. 따라서 일반적으로 환경분석에서 직선성 유지를 위하여 최대 흡광도를 0.6 이하가 되도록 한다.

② 빛은 좁은 파장영역이어야 하고 **단색광**이어야 한다. 다색복사선에서는 이 법칙을 벗어난다.

③ **화학적인 편차**로 흡수하는 화학종이 회합, 해리 또는 용매와 반응 등으로 분석 대상과 다른 흡수 특성을 나타내는 경우에 이 법칙을 벗어난다.

④ 시료가 탁하거나 착색된 경우 또는 형광을 동반하는 경우 산란 등으로 흡광도의 오차가 심하다.

⑤ 바탕시료에 사용하는 셀의 길이와 시료에 사용하는 셀의 길이가 다른 경우에 기기적 편차가 생긴다.

2. BOD의 대상은 탄소와 질소함유 유기물을 모두 포함하는지 여부와 그 이유를 설명하고 희석 수의 구비요건을 설명하시오.

(풀이) **1. BOD의 대상**

BOD 대상은 CBOD, NBOD가 있다.

일반적으로 미생물에 의해 CBOD물질을 소비한 후 7 ~ 10일 정도에 NBOD의 산화가 시작된다. 수질오염공정시험기준에서의 BOD5는 5일간 유기물 중 CBOD물질에 의한 산소소비량을 나타내므로 CBOD가 대상이다. 따라서 탄소BOD를 측정할 때, 시료 중 질산화 미생물이 충분히 존재할 경우 유기 및 암모니아성 질소 등의 환원상태 질소화합물질이 BOD 결과를 높게 만들게 되므로 적절한 질산화 억제 시약[ATU 용액(allylthiourea, $C_4H_8N_2S$), TCMP(2 − chloro − 6 (trichloromethyl) pyridine)]을 사용하여 질소에 의한 산소 소비를 방지한다.

2. 희석수의 구비요건

(1) 일반 희석수

① 온도를 20 ℃로 조절한 물을 정치 또는 흔들거나 압축공기로 폭기시켜 용존산소가 포화되도록 한다.

② 물 1,000 mL에 대하여 인산염완충용액(pH 7.2), 황산마그네슘용액, 염화칼슘용액 및 염화철(Ⅲ)용액 (BOD용) 각 1 mL씩을 넣는다.

③ 이 액의 pH는 7.2이다. pH 7.2가 아닐 때에는 염산용액(1 M) 또는 수산화나트륨용액(1 M)을 넣어 조절하여야 한다.

④ 이 액을 (20 ± 1) ℃에서 5일간 저장하였을 때 용액의 용존산소 감소는 0.2 mg/L 이하이어야 한다.

(2) 식종 희석수

① 하수 또는 하천수를 실온에서 24시간 ~ 36시간 가라앉힌 다음 상층액을 사용한다.

② 하수의 경우 5 mL ~ 10 mL, 하천수의 경우 10 mL ~ 50 mL를 취하고 희석수를 넣어 1,000 mL로 한다.

③ 토양추출액의 경우에는 식물이 살고 있는 곳의 토양 약 200 g을 물 2 L에 넣어 교반하여 약 25시간 방치한 후 그 상층액 20 mL/L ~ 30 mL/L를 취하여 희석수 1,000 mL로 한다.

④ 식종수는 사용할 때 조제한다.

> (참고) **BOD용 희석수 검토**
>
> 글루코오스 및 글루타민산(각 150 mg/L) 5 ~ 10 mL를 300 mL BOD병에 넣고 희석수로 채운 시료의 BOD가 약 200 mg/L 범위 이내여야 한다.(편차가 크면 희석수 재검토)

3. 하수에 존재하는 질소의 형태, 질소순환, 여러 형태의 질소와 총질소의 관계를 설명하시오.

풀이 1. 질소의 존재 형태

일반적으로 하수 내 질소는 대체로 무기질소가 대부분(NH_3-N, NO_2-N, NO_3-N)이나 경우에 따라 유기성 질소도 상당량 존재하는 경우도 있다.

2. 질소 순환

하수에서의 질소는 호기성조건에서 질산화과정을 거쳐 최종 산화물인 질산성질소(NO_3-N)형태로 변하게 되거나 혐기성조건에서 탈질산화가 되어 질소가스 형태로 대기 중으로 방출된다. 일반적으로 대기 중 질소는 지표면에서 토양 내 뿌리혹박테리아에 의해 NO_3-N으로 전환되고 식물에 흡수되어 고정되고 유기질소화 되며, 이후 동물의 먹이 등으로 순환된다. 유기체(단백질, 아미노산 등) 질소는 하수 중에서 분해되어 무기성으로 전환된다.

3. 여러 형태의 질소와 총질소의 관계

총질소는 유기, 무기질소를 모두 포함한다.

참고 질소동화작용 : 무기질소가 식물, 조류 등에 고정되어 유기체화하는 것을 의미한다.

4. 해산물 가공업 세척폐수에 대하여 부유물질을 측정하고자 할 때 주의하여야 할 점을 설명하시오.

풀이 일반적으로 해산물 가공업에서 발생하는 폐수는 해산물이라는 특성으로 입자가 큰 것이 많고, 폐수에 염분의 함량이 높다. 따라서 부유물질 측정 시 주의해야 할 사항은 다음과 같다.

① 시료 중 큰 입자는 직경 2 mm 금속망에 먼저 통과시켜 제거한다.

② 염도가 높아 여과가 어려울 경우 적은 양을 취하고 증류수로 여러 번 충분히 세척하여 염분을 제거한다.

02 측정분석의 이해도 Ⅱ[시료분석]

1. 본인이 수행한 실험에 대해 종합적으로 고찰하시오.

(시료 전처리, 기기 분석, 계산 및 평가 과정 등)

풀이 ① 전처리 : 시약 및 표준액 조제 과정과 전처리를 수행한 과정을 단계별로 상세히 기술한다.

② 기기분석 : 분석조건을 기술 및 측정 시 발생 가능한 오차요인을 기술한다.

③ 계산 및 평가과정

  ㉠ 농도 계산관련 식 및 계산방법을 기술한다.

  ㉡ 평가과정 : 각 과정별 발생 가능한 오차 요인을 정도관리 목표와 비교하여 기술한다.

2. 검출한계, 기기검출한계, 방법검출한계, 방법정량한계에 대해 간략하게 설명하시오.

풀이 1. 검출한계

  ① 정의 : 검출 가능한 최소량을 의미하며, 정량 가능할 필요는 없다.

  ② 검출한계를 구하는 방법

   ㉠ 시각적 평가에 근거하는 방법

   검출한계에 가깝다고 생각되는 농도를 알고 있는 시료를 반복 분석하여 **분석대상물질이 확실하게 검출 가능하다는 것을 확인하고 이를 검출한계로 지정하는 방법**

   ㉡ 신호(signal) 대 잡음(noise)에 근거하는 방법

   농도를 알고 있는 낮은 농도의 시료의 신호를 바탕시료의 신호와 비교하여 구하는 방법으로 **신호 대 잡음비가 2배 ~ 3배로 나타나는 분석대상물질 농도를 검출한계로 하며**, 일반적으로 ICP, AAS와 크로마토그래프에 적용할 수 있음

   ㉢ 반응의 표준편차와 검정곡선의 기울기에 근거하는 방법

   반응의 표준편차와 검량선의 기울기에 근거하는 방법은 아래의 식과 같이 반응의 **표준편차를 검량선의 기울기로 나눈 값에 3.3을 곱하여 산출함**

$$\text{DL(detecton limit)} = 3.3\ \sigma/S$$

여기서, σ : 반응의 표준편차

  S : 검량선의 기울기

  2. 기기검출한계

   ① 정의 : 분석기기에 직접 시료를 주입할 때 검출 가능한 최소량이다.

   ② 측정방법 : 기기검출한계는 일반적으로 S/N(signal/noise)비의 2배 ~ 5배 농도, 또는 바탕시료에 대한 반복 시험 · 검사한 결과의 표준 편차의 3배에 해당하는 농도로 하거나, 분석장비 제조사에서 제시한 검출한계값을 기기검출한계로 사용할 수 있다.

3. 방법검출한계
① 정의 : 방법검출한계는 시료를 전처리 및 분석 과정을 포함한 해당 시험방법에 의해 시험·검사한 결과가 검출 가능한 최소 농도로서, 어떠한 매질 종류에 측정항목이 포함된 시료를 시험방법에 의해 시험·검사한 결과가 99 % 신뢰 수준에서 0보다 분명히 큰 최소 농도이다.
② 측정 및 계산 방법 : 방법검출한계 산출방법은 검출이 가능한 정도의 측정 항목 농도를 가진 최소 7개 시료를 시험방법으로 분석하고 각 시료에 대한 **표준편차**(s)와 **자유도** $n-1$의 t 분포값 3.143(신뢰도 98 %에서 자유도 6에 대한 값)을 곱하여 구한다.

$$\text{방법검출한계(MDL)} = 3.14 \times s$$

4. 방법정량한계
① 정의 : 시험분석 대상을 정량화할 수 있는 (최소)측정값이다.
② 측정 및 계산 방법 : 제시된 정량한계 부근의 농도를 포함하도록 시료를 준비하고 이를 반복 측정하여 얻은 결과의 표준편차(s)에 10배 한 값을 사용한다.

$$\text{정량한계(LOQ)} = 10 \times s$$

03 측정분석의 전문성 Ⅲ[시료분석]

1. 측정분석자에게 필요한 기초 지식이 화학, 생물, 물리, 약학, 환경과학, 전기 공학, 통계학, 의학 등 다양한 분야에 이르고 있다. 다음 질문에 답하시오.

① 지원자는 위의 기초지식 중에 어느 분야에 자신이 있는지와 이 기초지식이 어떻게 중요하게 활용되는지를 설명하시오.
② 지원자는 위의 기초지식 중에 어느 분야에 가장 자신이 없으며 이로 인해 어려움을 겪었던 사례를 예를 들어 설명하시오.

2. 바탕시료의 정도관리 요소로 방법바탕시료와 시약바탕시료의 차이를 설명하시오.

풀이 1. 방법바탕시료(MB, method blank)
① 측정하고자 하는 대상물질이 전혀 포함되어 있지 않다는 것이 증명된 시료와 유사한 매질을 선택하여 추출, 농축, 정제 및 분석 과정에 따라 측정한 것을 말한다. 이때 매질, 실험절차, 시약 및 측정 장비 등으로부터 발생하는 오염물질을 확인할 수 있다.
② 방법검출한계(MDL)보다 반드시 낮은 농도여야 한다.

2. 시약바탕시료(RB, reagent blank)
시료를 사용하지 않고 추출, 농축, 정제 및 분석 과정에 따라 모든 시약과 용매를 처리하여 측정한 것을 말한다. 이때 실험절차, 시약 및 측정 장비 등으로부터 발생하는 오염물질을 확인할 수 있다.

3. 페놀 측정 시 클로로폼 추출법을 적용할 때 유의하여야 할 사항은 무엇인가?

 1. 흡광도를 측정할 때 파장은 수용액에서는 510 nm, 클로로폼 용액에서는 460 nm에서 측정하므로 파장선택에 주의한다.

2. 시료에 함유된 페놀의 함량이 0.05 mg 이하일 때 추출법을 적용한다.

3. 측정용액인 클로로폼에 수분이 존재하면 에멀젼 등으로 측정에 방해를 준다. 따라서 추출한 클로로폼 층에 무수황산나트륨 약 1 g을 넣어 탈수시켜 측정용액인 클로로폼에 수분으로 인한 흡광도의 방해가 생기지 않도록 한다.

┅02 수질분야 중금속

출제범위	출제문제
측정분석의 전문성 I [시료채취]	1. 금속 성분 분석 시 시험자에게 한 대의 장비만을 구입해 준다면, 여러 장비들(AA, ICP, ICP-MS, 수은 분석기 등) 중 고르고 선택 이유를 설명하시오.
	2. AA와 ICP의 측정방식의 차이점 및 물리, 화학적 간섭현상과 간섭 해소 방안을 설명하시오.
	3. 비소 중 비화수소의 AA 측정원리와 시약의 기능에 대해 설명하시오.
	3-1. 물속에 존재하는 비소의 화학종 및 비화수소 발생 반응 시 주의사항은?
	3-2. 수은의 냉증기환원법과 위의 비소 측정법의 차이점은?
측정분석의 이해도 II [시료분석]	1. 본인이 수행한 실험에 대해 종합적으로 고찰하시오. (전처리, 기기분석, 계산 및 평가 과정 등)
	2. 시료분석 시 여러 시험방법 중 최선의 분석방법 선택을 위해 고려해야 할 사항은?
측정분석의 전문성 III [시료분석]	1. 본인이 다루어 본 시료, 성분 등의 실험 경력에 대해 설명하시오.
	2. 바탕시험값의 중요성 및 시약은 어떤 규격의 제품을 사용해야 하는지 설명하시오.
	3. 전처리 기구, 여과지, 일회용품 세척, 보관방법을 설명하시오.

01 측정분석의 전문성 I [시료채취]

1. 금속 성분 분석 시 시험자에게 한 대의 장비만을 구입해 준다면, 여러 장비들(AA, ICP, ICP-MS, 수은 분석기 등) 중 고르고 선택 이유를 설명하시오.

풀이 1. AA 구매의 경우
   ① 재정적인 여력이 적어 구매 및 유지비용이 부족한 경우
   ② 시료량이 적어서 한 번에 한 원소씩 순차적으로 측정해도 되는 경우
   ③ 시험자의 숙련도 및 경험이 부족한 경우
   ④ 측정 대상 시료가 하·폐수 등 일반적인 농도의 시료인 경우

  2. ICP 구매의 경우
   ① 재정적으로 여력이 충분하여 구매 및 유지비용이 충분한 경우
   ② 시료량이 많아서 측정시간 단축을 위해 여러 원소의 동시 분석이 필요한 경우
   ③ 시험자의 숙련도 및 금속류 분석 경험이 많은 경우
   ④ 측정 대상 시료가 하·폐수 등 일반적인 농도의 시료인 경우

3. ICP – MS 구매의 경우

① 재정적으로 여력이 충분하여 구매 및 유지비용이 충분한 경우

② 시료량이 많아서 측정시간 단축을 위해 여러 원소의 동시 분석이 필요한 경우

③ 시험자의 숙련도, 경험, 질량분석기에 대한 지식이 많은 경우

④ 대상 분석 시료가 먹는물 등 저농도의 시료가 많은 경우

⑤ 분석 항목에 대한 정확한 정성이 필요한 경우

4. 수은분석기 구매의 경우

① 저농도의 수은 분석이 필요한 경우

② 수은 측정 시료가 많은 경우

③ 측정 항목이 수은만 해당하는 경우

2. AA와 ICP의 측정방식의 차이점 및 물리, 화학적 간섭현상과 간섭 해소 방안을 설명하시오.

[풀이] 1. AA와 ICP의 측정방식 차이점

AA 측정방법 특성	ICP 측정방법 특성
① 시료를 2,000 K ～ 3,000 K의 불꽃 속으로 시료를 주입하였을 때 생성된 **바닥상태** (Ground State)의 중성원자가 고유 파장의 빛을 흡수하는 현상을 이용하여, 개개의 고유 파장에 대한 **흡광도**를 측정하여 시료 중의 원소농도를 정량하는 방법이다. ② 저온에서 중성원자 상태를 분석하는 것으로 원자화과정에서 **화학적 방해**가 일어난다. ③ 한 번에 한 원소씩 검출 및 정량 가능하여 순차적으로 분석 시간이 많이 걸린다.	① 시료를 고주파유도코일에 의하여 형성된 아르곤 플라스마에 주입하여 6,000 K ～ 8,000 K에서 들뜬 상태의 원자가 바닥상태로 전이할 때 방출하는 발광선 및 발광강도를 측정하여 원소의 정성 및 정량분석에 이용하는 방법이다. ② 고온에서 분석이 이루어지므로 중성원자 상태를 거치지 않고 이온으로 들뜨게 하여 방출하는 파장을 측정함으로써 **화학적 방해**가 적다. ③ 내화성 화합물을 생성하는 원소(텅스텐 등) 및 비금속원소(염소, 브롬, 황, 인 등)의 분석이 가능하다. ④ 동시에 여러 원소를 들뜨게 하여 **동시분석**이 가능하여 분석 시간이 단축된다. ⑤ 선형 범위가 매우 넓다.

2. 물리, 화학적 간섭현상과 간섭 해소 방안

① 간섭의 종류

간섭의 종류	AA	분광학적 간섭, 물리적 간섭, 이온화간섭, 화학적 간섭
	ICP	분광학적 간섭, 물리적 간섭, 이온화간섭, 기타 간섭

② 물리적 간섭현상과 간섭 해소 방안

물리적 간섭	간섭 현상	AA	표준용액과 시료 또는 시료와 시료 간의 물리적 성질(점도, 밀도, 표면장력 등)의 차이 또는 표준물질과 시료의 매질(matrix) 차이에 의해 발생한다. 이러한 차이는 시료의 주입 및 분무 효율에 영향을 주어 양(+) 또는 음(−)의 오차를 유발하게 된다.
		ICP	시료 도입부의 분무과정에서 시료의 비중, 점성도, 표면장력의 차이에 의해 발생한다. 시료의 물리적 성질이 다르면 플라스마로 흡입되는 원소의 양이 달라져 방출선의 세기에 차이가 생기며, 특히 비중이 큰 황산과 인산 사용 시 물리적 간섭이 크다.
	해소 방안	AA	표준용액과 시료 간의 매질을 일치시키거나 표준물질첨가법을 사용하여 방지할 수 있다.
		ICP	시료의 종류에 따라 분무기의 종류를 바꾸거나, 시료의 희석, 매질 일치법, 내부표준법, 농축분리법을 사용하여 간섭을 최소화한다.

③ 화학적 간섭현상과 간섭 해소 방안

화학적 간섭	간섭 현상	AA	원소나 시료에 특유한 것으로 공존물질과 작용하여 해리하기 어려운 화합물이 생성되어 흡광에 관계하는 **바닥상태의 원자수가 감소하는 경우**이며, 불꽃의 온도가 분자를 들뜬 상태로 만들기에 충분히 높지 않아서, 해당 파장을 흡수하지 못하여 발생한다.
		ICP	ICP는 고온에서 분석이 이루어지므로 화학적 방해가 적으므로 **화학적 간섭은 중요하지 않다.** ICP의 화학적 간섭에는 **분자 화합물 형성, 이온화 효과, 분석물질 증발 효과**를 포함한다. ICP의 화학적 간섭은 매질의 유형과 특정 분석 물질에 크게 **의존된다.**
	해소 방안	AA	① 이온교환이나 용매추출 등에 의한 제거 ② 과량의 간섭원소의 첨가 ③ 간섭을 피하는 양이온(란타늄, 스트론튬, 알칼리 원소 등), 음이온 또는 은폐제, 킬레이트제 등의 첨가 ④ 목적원소의 용매추출 ⑤ 표준첨가법의 이용 등
		ICP	① 적절한 분석조건 선택 ② 매질 일치 ③ 표준물 첨가법 등

3-1. 물속에 존재하는 비소의 화학종 및 비화수소 발생 반응 시 주의사항은?

풀이 1. 물속에 존재하는 비소의 화학종

비소는 5족에 속하는 원소로서 원자번호는 33번이며 +3, +5이다. 지표수 및 지하수에서는 광석과 토양에서 수중으로 들어오게 되므로 물속에서는 3가, 5가 형태로 존재한다. 이 외에도 공장의 폐수, 농약, 페인트 등 인위적인 방법에 의해서도 비소는 수중에 존재한다. 비소는 3가 보다 5가의 독성이 강하다.

2. 비화수소발생 시 주의사항

   (1) 원자흡수분광광도법

   ① 수소화 발생장치를 원자흡수분광분석장치에 연결하고 전체 흐름 내부에 있는 공기를 아 르곤가스로 치환시킨다.

   ② 아연분말 약 3 g 또는 나트륨붕소수소화물(1 %) 용액 15 mL를 반응용기에 넣을 때 신 속히 넣고 자석교반기로 교반하여 수소화 비소를 발생시켜야 한다. 아연분말은 비소함 량이 0.005 ppm 이하의 것을 사용하여야 한다.

   (2) 자외/가시선 분광법

   황화수소(H_2S) 기체는 비소 정량을 방해하므로 아세트산납을 사용하여 제거하여야 한다.

3-2. 수은의 냉증기환원법과 위의 비소 측정법의 차이점은?

풀이 1. 측정방법

   ① 비소 : 아연 또는 나트륨붕소수화물($NaBH_4$)을 넣어 수소화 비소로 포집하여 아르곤(또는 질소)-수소 불꽃에서 원자화시켜 193.7 nm에서 흡광도를 측정하고 비소를 정량하는 방 법이다.

   ② 수은 : 시료에 이염화주석($SnCl_2$)을 넣어 금속수은으로 산화시킨 후, 이 용액에 통기하여 발생하는 수은증기를 원자흡수분광광도법으로 253.7 nm의 파장에서 측정하여 정량하는 방법이다.

2. 측정의 차이점

수은과 비소 모두 환원기화법으로 분석한다. 그런데 수은은 불꽃을 사용하지 않고 냉증기 상태 로 분석하나 비소는 불꽃을 사용하여 분석하는 것이 가장 큰 차이이다.

02 측정분석의 이해도 II [시료분석]

1. 본인이 수행한 실험에 대해 종합적으로 고찰하시오.(전처리, 기기분석, 계산 및 평가 과정 등)

풀이 ① 전처리 : 측정용액 준비 과정 및 관련 발생 가능한 오차요인을 기술한다.

② 기기분석 : 분석조건을 기술 및 측정 시 발생 가능한 오차요인을 기술한다.

③ 계산 및 평가과정
  ㉠ 농도 계산관련 식 및 계산방법을 기술한다.
  ㉡ 평가과정 : 각 과정별 발생 가능한 오차 요인을 정도관리 목표와 비교하여 기술한다.

2. 시료분석 시 여러 시험방법 중 최선의 분석방법 선택을 위해 고려해야 할 사항은?

풀이 1. 시료 성상
  ① 시료의 성상에 따라 적용 전처리 방법(산분해법, 마이크로웨이브 산분해법, 회화법 등)이 다르기 때문이다.
  ② 농도가 낮은 시료인지, 폐수와 같이 농도가 높은 시료인지에 따라 적합한 분석기기를 선택해야 한다.

2. 시료 건수 및 측정 시간
  시료건수가 많거나 측정시간이 시급한 경우에는 AA보다는 ICP가 효과적이다.

3. 정확한 정성이 필요한 경우 : 원소의 질량으로 분석하는 ICP - MS가 적합하다.

03 측정분석의 전문성 III [시료분석]

1. 본인이 다루어 본 시료, 성분 등의 실험 경력에 대해 설명하시오.

풀이 금속류 분석과 관련하여 취급한 시료의 종류(먹는물, 지하수, 염수 또는 해수, 하천수, 폐수, 토양, 폐기물, 대기 등)에 대해 기술하고 시료별 특별한 성분분석에 따른 특징을 기술한다.

2. 바탕시험값의 중요성 및 시약은 어떤 규격의 제품을 사용해야 하는지 설명하시오.

풀이 1. 바탕시험값의 중요성 : 바탕시험은 시험과정에서 사용된 정제수, 시약, 용기 등이 오염이 되었는지 되지 않았는지 판단할 수 있는 지표이다. 따라서 바탕시험값이 평소보다 높은 경우 이러한 오염 가능성이 있는 부분을 점검해야 한다.

2. 사용 시약 규격

① 먹는물수질공정시험기준 : 표준원액과 표준용액의 농도계수를 보정하는 시약은 특급을 쓰고, 실험에서 사용하는 시약은 따로 규정한 것 이외는 모두 1급 이상을 쓴다.

② 수질오염공정시험기준 : 1급 이상 또는 이와 동등한 규격의 시약을 사용하여 각 시험항목별 시약 및 표준용액에 따라 조제하여야 한다. 표준물질은 소급성이 인증된 것을 사용한다.

③ 정제수 : 정밀분석용인 경우에는 ASTM(american society for testing and materials)의 유형 1(18 μS/cm 이상) 즉 초순수를 사용한다. 대분분의 환경분석에 사용된다.

④ 금속류 분석에는 가능한 한 특급(GR), 중금속 분석용, 미량원소 분석용 등을 사용하되 시험의 방법에 따라 적절한 등급의 시약을 사용한다.

3. 전처리 기구, 여과지, 일회용품 세척, 보관방법을 설명하시오.

풀이 1. 세척방법

① 기구

시험방법(항목)	세척 순서	건조방법
금속류	① 세척제 사용 세척 ② 수돗물 헹굼, 20 % 질산수용액 또는 질산(<8 %)/염산(<17 %) 수용액에 4시간 이상 담가 두었다가 ③ 정제수로 헹굼 ※ 플라스틱 기구는 비알칼리성 세제로 세척 후 증류수로 헹구어 사용한다. 그러나 세척 시 브러시나 솔을 사용하지 않는다.	자연 건조

② 여과지 및 일회용품

일반적으로 상용화된 제품으로 시험에 영향을 주지 않는 것이 증명된 경우에는 세척과정이 필요하지 않다. 그러나 오염이 우려되는 경우 정제수로 세척하거나 필요시 질산 용액으로 세척 후 정제수로 헹군다. 단, 새 제품을 시험에 사용하기 전 세척하는 것이며, 사용한 일회용품은 버린다.

2. 보관방법

자연 건조 후 미세먼지 등으로 인한 오염의 우려가 없는 정해진 장소에 보관한다. 필요시 플라스틱 백으로 포장한다.

···03 수질분야 유기물질

출제범위	출제문제
측정분석의 전문성 I [시료채취]	1. 가스크로마토그래프를 이용 시 시료의 측정 순서, 시료채취 및 기기분석 과정 중 어떤 단계에서 가장 큰 오차가 발생하는지 경험을 통해 설명하시오.
	2. 검정곡선의 작성방법인 내부표준물질법, 절대검량선법, 표준물질첨가법의 사용방법과 장·단점을 설명하시오.
	3. VOC 시료채취 시 주의할 사항과 P&T와 Head Space 측정방법을 비교하여 설명하시오.
측정분석의 이해도 II [시료분석]	1. 본인이 수행한 실험에 대해 종합적으로 고찰하시오. (시료채취, 운송 및 보관, 표준용액 준비, 시료전처리, 검정곡선 기기분석 등)
	2. 바탕시험값이 높게 나오는 원인에 대해 설명하시오.
	3. 검출한계와 검출한계를 결정할 때 s/n비 법과 σ법에 대해서 설명하시오.
측정분석의 전문성 III [시료분석]	1. 유기물질 분석과 관련하여 본인이 수행한 분석 경험에 대해 답하시오.
	2. 분석자 교체, 실험방법 변경 시 분석자의 수행능력검증을 위한 방법에 대해 설명하시오.
	3. 측정분석자는 정직, 성실, 책임감이 있어야 한다. 다음 질문에 답하시오. ① 측정분석자가 기본적으로 갖추어야 할 소양으로 위의 세 가지 중 가장 중요하다고 생각하는 순서대로 이야기하고 그 이유를 설명하시오. ② 측정분석자로서 정직성을 지킴으로써 어려움을 겪었던 사례가 있으면 예를 들어 설명하시오. ③ 우리나라의 측정분석자는 위의 소양을 얼마나 갖추었다고 생각하는지를 이야기해보시오.

01 측정분석의 전문성 I [시료채취]

1. 가스크로마토그래프를 이용 시 시료의 측정 순서, 시료채취 및 기기분석 과정 중 어떤 단계에서 가장 큰 오차가 발생하는지 경험을 통해 설명하시오.

풀이 1. 시료의 측정순서에서의 오차
   ① 전처리를 기기로 하는 경우에는 큰 오차가 없지만 시험자가 직접 하는 용매추출의 경우 전처리에서 시험자의 숙련도와 주변 환경에 의한 오차 발생이 가장 높다.
   ② 이 외에도 초자류의 청결도, 사용되는 시약의 순도 등에서 발생하는 오차도 있다.
   ③ 농축과정에서 손실 또는 오염으로 인해 발생하는 오차
   ④ 표준용액 제조 미숙, 유효기간이 지난 표준용액 사용 등으로 작성된 검정곡선으로 인한 오차

2. 시료채취에서의 오차
   ① 시료채취과정에서는 채취장치 또는 기구의 오염에 의해 오차가 발생할 수 있다.
   ② 시료의 대표성이 없는 경우
   ③ 시료 채취방법을 제대로 준수하지 못한 경우 특히 오차 발생이 높다.

3. 기기분석 과정에서의 오차
   ① 기기의 오염에 따른 오차 : 라이너, 컬럼, 검출기 등
   ② 분석조건이 적합하지 않아서 발생하는 오차
      ㉠ 주입구, 오븐, 검출기의 온도 및 가스 설정 조건으로 인해 분석이 되지 않거나 양의 오차 또는 음의 오차를 발생하는 경우
      ㉡ 시료주입에 따른 오차 : 시료주입 미숙, 셉텀 불량으로 시료가 정상적으로 주입되지 않아 발생하는 오차
   ③ 작성된 검정곡선의 상관계수가 너무 낮아서 발생하는 오차
   ④ 계산과정에서 희석배수 등을 고려하지 않아 발생하는 오차

4. 기타 : 일반적으로 시험자의 경험과 숙련도가 부족한 경우 전처리와 분석과정에서 오차 발생이 높으며, 숙련자의 경우 변화된 시험방법에 대한 인식 부주의 및 기존 시험방법에 익숙한 것에서 오는 오차가 높다.

2. 검정곡선의 작성방법인 내부표준물질법, 절대검량선법, 표준물질첨가법의 사용방법과 장ㆍ단점을 설명하시오.

풀이 1. 검정곡선법(external standard method ; 절대검정곡선법, 절대검량선법)

① 개요 : 시료의 농도와 지시값과의 상관성을 검정 곡선식에 대입하여 작성하는 방법이다.

② 작성방법

㉠ 직선성이 유지되는 농도범위 내에서 제조농도 3개 ~ 5개를 사용한다.

㉡ x축에 농도, y축에 지시값(면적)으로 검정곡선을 도시한다.

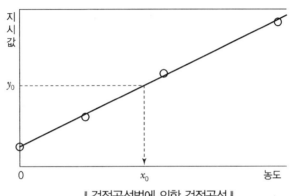

┃ 검정곡선법에 의한 검정곡선 ┃

③ 장점

㉠ 작성방법이 단순하여 환경분야의 분석에 많이 이용된다.

㉡ 작성방법이 단순하여 상대적으로 경험이 적은 시험자도 작성하기 쉽다.

④ 단점 : 기기에 의한 변동, 매질에 의한 영향을 보정하지 못한다.

2. 표준물첨가법(standard addition method)

① 개요 : 시료와 동일한 매질에 표준물질을 첨가하여 검정곡선을 작성하는 방법이다.

② 작성방법

㉠ 분석대상 시료를 n개로 나눈 후 분석대상 성분의 표준물질을 0배, 1배, ……, $n-1$배로 각각의 시료에 첨가한다.

㉡ n개의 첨가 시료를 분석하여 첨가 농도와 지시값의 자료를 각각 얻는다. 이때 첨가 시료의 지시값은 바탕값을 보정(바탕시료 및 바탕선의 보정 등)하여 사용하여야 한다.

㉢ n개의 시료에 대하여 첨가 농도와 지시값 쌍을 각각 $(x_1, y_1), ……, (x_n, y_n)$이라 하고, 그림과 같이 첨가 농도에 대한 지시값의 검정곡선을 도시하면, 시료의 농도는 $|x_0|$이다.

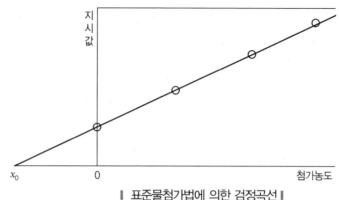

‖ 표준물첨가법에 의한 검정곡선 ‖

③ 장점 : 매질효과가 큰 분석 대상 시료와 동일한 매질의 표준시료를 확보하지 못한 경우에 매질효과를 보정할 수 있는 방법이다.

④ 단점 : 표준물질 첨가로 시험방법이 상대적으로 다소 복잡하다.

3. 내부표준법(internal standard calibration)

① 개요 : 검정곡선 작성용 **표준용액과 시료에 동일한 양의 내부표준물질을 첨가**하여 분석하는 방법이다.

② 작성방법

㉠ 동일한 양의 내부표준물질을 분석 대상 시료와 검정곡선 작성용 표준용액에 각각 첨가한다. 내부표준물질의 농도는 분석 대상 성분의 기기 지시값과 비슷한 수준이 되도록 한다. 일반적으로 내부표준 물질로는 분석하려는 성분에 동위원소가 치환된 것을 많이 사용한다.

㉡ 가로축에 성분 농도(C_x)와 내부표준물질 농도(C_s)의 비(C_x/C_s)를 취하고 세로축에는 분석 성분의 지시값(R_x)과 내부표준물질 지시값(R_s)의 비(R_x/R_s)로 도시한다.

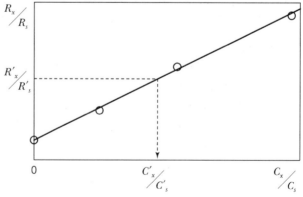

‖ 내부표준법에 의한 검정곡선 ‖

③ 장점 : 시험분석 절차, 기기 또는 시스템의 변동으로 발생하는 오차를 보정하기 위해 사용된다.

④ 단점
　㉠ 내부표준물질 사용으로 작성방법이 상대적으로 어렵다.
　㉡ 작성방법이 상대적으로 어려워 시험자의 높은 숙련도를 요구한다.
　㉢ 적당한 내부표준물질이 없는 경우 제약이 따른다.

3. VOC 시료채취 시 주의할 사항과 P&T와 Head Space 측정방법을 비교하여 설명하시오.

풀이　1. VOC 시료채취 시 주의할 사항
① 채취병은 물과의 접촉면이 테플론 처리 마개 또는 격막을 가진 유리병을 사용한다.
② 채취방법 : 미리 정제수로 잘 씻은 유리용기에 기포가 생기지 아니하도록 조용히 채취하고 pH가 약 2 이하가 되도록 즉시 인산(1 + 10)을 시료 10 mL당 1방울을 넣고 물을 추가하여 꽉 채운 후 밀봉한다. 잔류염소가 함유되어 있는 경우에는 **이산화비소산나트륨용액을 넣어 잔류염소를 제거**한다.

2. 주의 사항
① 수도꼭지를 3분 ~ 5분 정도 틀어놓고 물의 온도에 변화가 있는지 확인하여 신선한 물을 채취하도록 한다.
② 유속을 줄인 후, 시료 바이알로부터 뚜껑과 격막을 제거하고 용기에 채취한다. 이때 공기방울이 생기는 것을 최소화하기 위해 병의 내벽 쪽으로 물이 흘러 내려가도록 한다. 용기를 거꾸로 하여 기포가 있으면 채수를 다시 한다.
③ 시료 병을 시료로 헹구지 않는다.
④ 용기를 가득 채우되 넘치지 않도록 주의하고 뚜껑과 격막을 닫고 단단히 조인다.
⑤ 격막에 손이 닿지 않도록 한다.

3. P&T와 Head Space 측정방법을 비교

구분	P&T	Head Space
시험방법	휘발성유기화합물을 불활성기체로 퍼지(purge)시켜 기상으로 추출한 다음 트랩관으로 흡착·농축하고, 가열·탈착시켜 모세관 컬럼을 사용한 기체크로마토그래프로 분석하는 방법이다.	바이알에 일정 시료를 넣고 캡으로 완전히 밀폐시킨 후 시료의 온도를 일정 온도 및 일정 시간 동안 가열할 때 휘발성유기화합물들이 상부공간(헤드 스페이스)으로 기화되어 평형상태에 이르게 되고 이 기체의 일부를 측정 장비로 주입하여 분석하는 방법이다.
장점	• 상대적으로 감도가 좋다.	• 비교적 오염이 많이 된 물 중에 휘발성유기화합물의 분석에도 적용한다. • 고상 시료에도 적용이 가능하다. • 장치의 오염이 잘 되지 않는다.

구분	P&T	Head Space
단점	• 용해도가 2 % 이상이거나 끓는점이 200 ℃ 이상인 화합물은 낮은 회수율을 보인다. • 시료가 액상인 경우에만 적용이 가능하다. • 장치가 오염되기 쉽다. 따라서 오염이 심한 폐수에 적용이 어렵다.	• 상대적으로 P&T방법에 비해 감도가 나쁘다.

02 측정분석의 이해도 Ⅱ[시료분석]

1. 본인이 수행한 실험에 대해 종합적으로 고찰하시오.

(시료채취, 운송 및 보관, 표준용액 준비, 시료전처리, 검정곡선 기기분석 등)

풀이 ① 시료채취 : 시료채취 중 오염 가능성(기구, 환경, 숙련정도 등) 기술

② 운송 및 보관 : 시험과정에서 특별한 운송은 없으므로 단지 GC 바이알에 담는 과정과 주입하기 전 보관관련 오염 가능성에 초점을 맞추어 기술

③ 표준용액 준비 : 표준용액 제조 과정 및 이 과정에서 오염 가능성 기술

④ 시료전처리 : 용매추출 과정 및 기기주입 전 시험용액 준비 과정 및 각 전처리 과정에서 오염가능성 기술

⑤ 검정곡선 작성 : 검정곡선 작성 과정 std 1의 농도 ~ std 5까지, 주입량, 상관계수(r) 또는 결정계수(R^2) 및 작성된 검정곡선의 상관계수와 결정계수 결과를 바탕으로 검정곡선에 대한 평가 기술

⑥ 기기분석 : 기기분석 조건 기술 → 분석기기의 instrument(analysis) method를 참조하여 작성하되 가스 및 이동상의 유속, 컬럼의 종류, 검출기의 종류, 주입구, 검출기의 온도, 오븐 온도 프로그램, 주입량을 기본으로 기술하고 분석이 잘되었는지 잘못되었는지를 기기조건을 바탕으로 기술

⑦ 종합적인 검토 : 위 모든 내용을 종합하고, 구해진 정확도, 정밀도, 정량한계를 공정시험기준의 정도관리 목표값을 기준을 하여 논리적으로 분석결과를 평가함

2. 바탕시험값이 높게 나오는 원인에 대해 설명하시오.

풀이 바탕시험은 시험과정에서 사용된 정제수, 시약, 용기, 분석기기 및 기구 등이 시험환경 등에 의해 오염이 되었는지 되지 않았는지 판단할 수 있는 지표이다. 따라서 바탕시험값이 평소보다 높은 경우 이러한 오염 가능성이 있는 부분을 점검하고 오염 원인을 제거해야 한다.

3. 검출한계와 검출한계를 결정할 때 s/n비 법과 σ법에 대해서 설명하시오.

풀이

1. s/n비 법

   신호(signal) 대 잡음(noise)에 근거하는 방법이며 농도를 알고 있는 낮은 농도의 시료의 신호를 바탕시료의 신호와 비교하여 구하는 방법으로 신호 대 잡음비가 2배 ~ 3배로 나타나는 분석대상물질 농도를 검출한계로 한다.

2. σ법

   반응의 표준편차와 검정곡선의 기울기에 근거하는 방법으로 반응의 표준편차를 검량선의 기울기로 나눈 값에 3.3을 곱하여 산출한다.

   $$DL(\text{detecton limit}) = 3.3\ \sigma/S$$

   여기서, σ : 반응의 표준편차
   S : 검량선의 기울기

3. 기타 : 시각적 평가에 근거하는 방법

   검출한계에 가깝다고 생각되는 농도를 알고 있는 시료를 반복 분석하여 분석대상물질이 확실하게 검출 가능하다는 것을 확인하고 이를 검출한계로 지정하는 방법이다.

03 측정분석의 전문성 Ⅲ[시료분석]

1. 유기물질 분석과 관련하여 본인이 수행한 분석 경험에 대해 답하시오.

풀이 유기물질 분석과 관련하여 취급한 시료의 종류(먹는물, 지하수, 염수 또는 해수, 하천수, 폐수, 토양, 폐기물, 대기 등)에 대해 기술하고 시료별 특별한 성분분석에 따른 특징을 기술한다.

2. 분석자 교체, 실험방법 변경 시 분석자의 수행능력검증을 위한 방법에 대해 설명하시오.

풀이 초기능력검증 및 내부정도관리 실시

1. 초기능력검증(IDC, initial demonstration of capability)
   ① 처음 측정분석을 시작하는 분석자, 처음 수행하는 시험방법, 처음 사용하는 분석 장비에 대해 유효성을 확인하기 위해 수행하는 절차이다.
   ② 시료의 측정분석을 시작하기에 앞서 초기능력 검증을 통해 시험방법의 정확도(accuracy)와 정밀도(precision), 방법검출한계(MDL, method detection limit), 표준물질의 직선성(linearity) 등을 반드시 확인하며, 표준작업절차서(SOP)에 따라 수행한다.

2. 내부정도관리

　방법검출한계, 정량한계, 정밀도 및 정확도는 연 1회 이상 산정하는 것을 원칙으로 하며, 분석자의 교체, 분석 장비의 수리 및 이동 등의 주요 변동사항이 생길 경우에는 다시 실시한다. 단, 장비의 청소 및 측정 장비의 감도가 의심될 때에는 언제든지 측정하여 확인하여야 한다.

3. 측정분석자는 정직, 성실, 책임감이 있어야 한다. 다음 질문에 답하시오.

> ① 측정분석자가 기본적으로 갖추어야 할 소양으로 위의 세 가지 중 가장 중요하다고 생각하는 순서대로 이야기하고 그 이유를 설명하시오.
> ② 측정분석자로서 정직성을 지킴으로써 어려움을 겪었던 사례가 있으면 예를 들어 설명하시오.
> ③ 우리나라의 측정분석자는 위의 소양을 얼마나 갖추었다고 생각하는지를 이야기해보시오.

풀이 자신의 기준, 경험을 통한 사례를 기술한다.

003

2011년 수질 구술형

···01 수질분야(일반항목) – A형

출제범위	출제문제
측정분석의 전문성	1. BOD의 측정원리와 간섭물질 및 식종수에 대해 각각 설명하십시오.
	2. pH 측정원리와 표준용액의 보존 기간 및 보존용기에 대하여 설명하십시오.
	3. 시료채취 시 유의사항에 대하여 설명하십시오.
	4. 기타 일반항목 관련 질문.
실기시험의 이해도	1. 본인이 수행한 실험에 대해 종합적으로 고찰하십시오. 　○ 시약 및 표준액 조제 　○ 기기 분석 　○ 계산 및 평가 과정
	2. 실험보고서 작성 시 반드시 기입해야 하는 항목에 대하여 설명하십시오.
측정분석자의 기본소양	1. 분석상 발생하는 계통오차에는 기기오차, 방법오차, 개인오차가 있습니다. 분석경험을 바탕으로 이러한 오차의 의미와 오차를 줄일 수 있는 방법에 대해 설명하십시오.
	2. 실험실의 정확도 및 정밀도 시험을 실시할 경우 사용하는 인증표준물질(CRM, certified reference material)의 사용목적에 대하여 말해보십시오.
	3. 환경모니터링을 위한 시료분석의 측정결과에 대한 보증을 위해서는 환경모니터링 계획 단계부터 실험실 정도보증(laboratory quality assurance)을 수행하여야 합니다. 환경모 니터링의 단계별 실험실정도보증 요소에 대해 설명하십시오.
	4. 기타 일반항목 관련 질문.

NVIRONMENTAL MEASUREMENT
환경측정분석사 실기

01 측정분석의 전문성

1. BOD의 측정원리와 간섭물질 및 식종수에 대해 각각 설명하십시오.

풀이 1. BOD의 측정원리

시료를 20 ℃에서 5일간 저장하여 두었을 때 시료 중의 호기성 미생물의 증식과 호흡작용에 의하여 소비되는 용존산소의 양으로부터 측정하는 방법이다.

2. 간섭물질

① 시료가 **산성** 또는 **알칼리성**을 나타내거나 **잔류염소** 등 **산화성 물질**을 함유하였거나 용존산소가 과포화되어 있을 때에는 BOD 측정이 간섭 받을 수 있으므로 전처리를 행한다.

② 탄소BOD를 측정할 때, 시료 중 **질산화 미생물**이 충분히 존재할 경우 유기 및 암모니아성 질소 등의 환원상태 질소화합물질이 BOD 결과를 높게 만든다. 적절한 질산화 억제 시약을 사용하여 질소에 의한 산소 소비를 방지한다.

③ 시료는 시험하기 바로 전에 온도를 (20 ± 1) ℃로 조절한다.

3. **식종수**

(1) BOD용 희석수

① 온도를 20 ℃로 조절한 물을 정치 또는 흔들거나 압축공기로 **폭기시켜 용존산소가 포화되도록** 한다.

② 물 1,000 mL에 대하여 인산염완충용액(pH 7.2), 황산마그네슘용액, 염화칼슘용액 및 염화철(Ⅲ)용액(BOD용) 각 1 mL씩을 넣는다.

③ 이 액의 pH는 7.2이다. pH 7.2가 아닐 때에는 염산용액(1 M) 또는 수산화나트륨용액(1 M)을 넣어 조절하여야 한다.

④ 이 액을 (20 ± 1) ℃에서 5일간 저장하였을 때 용액의 용존산소 감소는 0.2 mg/L 이하이어야 한다.

(2) BOD용 식종수

① 하수 또는 하천수를 실온에서 24시간 ～ 36시간 가라앉힌 다음 상층액을 사용한다.

② 하수의 경우 5 mL ～ 10 mL, 하천수의 경우 10 mL ～ 50 mL를 취하고 희석수를 넣어 1,000 mL로 한다.

③ 토양추출액의 경우에는 식물이 살고 있는 곳의 토양 약 200 g을 물 2 L에 넣어 교반하여 약 25시간 방치한 후 그 상층액 20 mL/L ～ 30 mL/L를 취하여 희석수 1,000 mL로 한다.

④ 식종수는 사용할 때 조제한다.

(3) BOD용 식종 희석수

시료 중에 유기물질을 산화시킬 수 있는 미생물의 양이 충분하지 못할 때, 미생물을 시료에 넣어 주는 것을 말한다.

(4) BOD용 희석수 검토

글루코오스 및 **글루타민산**(각 150 mg/L) 5 ～ 10 mL를 300 mL BOD병에 넣고 희석수로 채운 시료의 BOD가 약 200 mg/L 범위 이내여야 한다.(편차가 크면 희석수 재검토)

2. pH 측정원리와 표준용액의 보존 기간 및 보존용기에 대하여 설명하십시오.

풀이 1. 측정원리

　① 기준전극과 비교전극 간에 생성되는 기전력의 차를 이용하여 측정(pH측정기)하는 방법이다.
　② pH는 수소이온농도를 그 역수의 상용대수로 나타낸 값이다.

$$pH = \log \frac{1}{[H^+]}$$

2. 표준용액의 보존 기간 및 보존용기

　① pH 표준용액의 조제에 사용되는 물은 정제수를 15분 이상 끓여서 이산화탄소를 날려 보내고 산화칼슘(생석회) 흡수관을 닫아 식혀서 준비한다.
　② 제조된 pH 표준용액의 전도도는 2 μS/cm 이하이어야 한다.
　③ 조제한 pH 표준용액은 경질 유리병 또는 폴리에틸렌병에 담아서 보관하며, 보통 산성 표준용액은 3개월, 염기성 표준용액은 산화칼슘 흡수관을 부착하여 1개월 이내에 사용한다.

3. 시료채취 시 유의사항에 대하여 설명하십시오.

풀이 시료채취 시 유의사항은 다음과 같다.

　① 목적 시료의 성질을 대표할 수 있는 위치에서 시료채취용기 또는 채수기를 사용하여 채취한다.
　② 시료 채취 용기는 시료를 채우기 전에 시료로 3회 이상 씻은 다음 사용한다.
　③ 시료를 채울 때에는 시료의 교란이 일어나서는 안 되며 가능한 한 공기와 접촉하는 시간을 짧게 하여 채취한다.
　④ 시료채취량은 보통 3 L ~ 5 L 정도이다.
　⑤ 시료채취 시에 시료채취시간, 보존제 사용여부, 매질 등 분석결과에 영향을 미칠 수 있는 사항을 기재하여 분석자가 참고할 수 있도록 한다.
　⑥ 지하수 시료는 고여 있는 물을 충분히 퍼낸 다음 새로 나온 물을 채취한다. 이 경우 퍼내는 양은 고여 있는 물의 4배 ~ 5배 정도이나 pH 및 전기전도도를 연속적으로 측정하여 이 값이 평형을 이룰 때까지로 한다.
　⑦ 지하수 시료채취 시 심부층의 경우 저속양수펌프 등을 이용하여 반드시 저속으로 시료를 채취하여 시료 교란을 최소화하여야 하며, 천부층의 경우 저속양수펌프 또는 정량이송펌프 등을 사용한다.
　⑧ 용존가스, VOCs, 유류 및 수소이온 등 측정을 위한 시료는 공기 접촉이 없게 가득 채운다.
　⑨ 채취된 시료는 즉시 실험하여야 하며, 그렇지 못한 경우에는 각 시료의 보존방법에 따라 보존하고 규정된 시간 내에 실험하여야 한다.
　　※ VOCs 시료 채취 방법
　　　• 채취용기는 뚜껑이 있는 유리용기 사용
　　　• 용기 뚜껑의 내면은 손으로 만지지 않아야 함
　　　• 용기의 공간이 생기지 않도록 가득 채워 채취
　　　• 잔류염소 공존 시 아스코르빈산 첨가(시료 1 L당 1 g 정도)
　　　• 냉장보관 또는 pH 2.0 이하로 조정(HCl 이용)

02 실기시험의 이해도

1. 본인이 수행한 실험에 대해 종합적으로 고찰하십시오.

> • 시약 및 표준액 조제
> • 기기 분석
> • 계산 및 평가 과정

풀이 ① 시약 및 표준액 조제 : 시약 및 표준액 조제 과정을 단계별로 상세히 기술한다.
② 기기분석 : 분석조건을 기술 및 측정 시 발생 가능한 오차요인을 기술한다.
③ 계산 및 평가과정
    ㉠ 농도 계산관련 식 및 계산방법을 기술한다.
    ㉡ 평가과징 : 각 과징별 발생 가능한 오차 요인을 정도관리 목표와 비교하여 기술힌다.

2. 실험보고서 작성 시 반드시 기입해야 하는 항목에 대하여 설명하십시오.

풀이 작업형 시험보고서와 관련된 항목을 기술한다.

03 측정분석자의 기본소양

1. 분석상 발생하는 계통오차에는 기기오차, 방법오차, 개인오차가 있습니다. 분석경험을 바탕으로 이러한 오차의 의미와 오차를 줄일 수 있는 방법에 대해 설명하십시오.

풀이 오차(error)는 측정값에서 기준값을 뺀 값이다.
① 계통오차(systematic error) : **재현 가능**하여 어떤 수단에 의해 보정이 가능한 오차로서 이것에 따라 측정값은 편차가 생긴다.
    ※ 우연오차(random error) : **재현 불가능**한 것으로 원인을 알 수 없어 보정할 수 없는 오차이며 이것으로 인해 측정값은 분산이 생긴다.

② 기기오차(instrument error) : **측정기가 나타내는 값에서 나타내야 할 참값을 뺀 값**이며, 표준기의 수치에서 부여된 수치를 뺀 값이다.
③ 방법오차(method error) : **분석의 기초원리가 되는 반응과 시약의 비이상적인 화학적 또는 물리적 행동으로 발생**하는 오차이다.
④ 개인오차(personal error) : **측정자 개인차에 따라 일어나는 오차**이다.

2. 실험실의 정확도 및 정밀도 시험을 실시할 경우 사용하는 인증표준물질(CRM, certified reference material)의 사용목적에 대하여 말해보십시오.

풀이 인증표준물질(CRM ; certified reference material)은 인증서가 붙어 있는 표준물질로 하나 이상의 특성값이 그 특성값을 나타내는 단위의 정확한 표시에 대한 소급성을 확립하는 절차에 따라 인증되고 각 인증값에는 표기된 신뢰수준에서의 불확도가 주어진 특성화된 물질이다.

따라서 인증표준물질은 객관적으로 그 농도를 인증할 수 있는 물질로 검정곡선의 검증, 정확도, 정밀도 등 시험방법에 대한 적합성 검증, 분석자, 장비 및 기관의 분석능력 확인에 사용된다. 즉 QA/QC를 위해 사용된다.

3. 환경모니터링을 위한 시료분석의 측정결과에 대한 보증을 위해서는 환경모니터링 계획 단계부터 실험실 정도보증(laboratory quality assurance)을 수행하여야 합니다. 환경모니터링의 단계별 실험실정도보증 요소에 대해 설명하십시오.

풀이 실험실 정도보증(laboratory quality assurance) 요소는 다음과 같다.
① 시료채취 계획
② 시료채취 방법
③ 시료취급과 보관
④ 분석방법
⑤ 정도관리(QC)
⑥ 기기/장비의 시험, 검사, 유지관리
⑦ 기기/장비의 교정 및 주기
⑧ 용품 및 소모품의 검사 및 수납
⑨ 간접적 측정
⑩ 데이터 관리

···02 수질분야(일반항목) – B형

출제범위	출제문제
측정분석의 전문성	1. COD(과망간산칼륨법) 분석과정과 황산은 분말을 사용하는 이유를 설명하십시오.
	2. 노말헥산 추출물질 측정과정 및 시료채취에 대해 설명하십시오.
	3. 시료채취 시 유의사항에 대하여 설명하십시오.
	4. 기타 일반항목 관련 질문.

실기시험의
이해도
	1. 본인이 수행한 실험에 대해 종합적으로 고찰하십시오.
	  ○ 시약 및 표준액 조제
	  ○ 기기 분석
	  ○ 계산 및 평가 과정

	2. 실험보고서 작성 시 반드시 기입해야 하는 항목에 대하여 설명하십시오.
측정 분석자의 기본소양	1. 분석장비의 성능을 평가할 수 있는 인자를 열거하십시오.
	2. 정도관리(QA/QC)를 최근에는 QM이라고 표시하는 경우가 늘고 있습니다. 본인이 생각하는 정도관리는 어떤 것들을 수행해야 하는지 설명하십시오.
	3. 정도관리의 평가기준으로 Z값(Z-score)을 사용하여 기관을 평가하는데 고전적인 통계 방법으로 Z-score를 구하는 방법을 설명하십시오.
	4. 기타 일반항목 관련 질문.

01 측정분석의 전문성

1. COD(과망간산칼륨법) 분석과정과 황산은 분말을 사용하는 이유를 설명하십시오.

풀이 1. COD 분석과정
  (1) 측정 원리
    COD는 시료를 **황산산성**으로 하여 과망간산칼륨 일정과량을 넣고 30분간 수욕상에서 가열 반응시킨 다음 소비된 과망간산칼륨양으로부터 이에 상당하는 산소의 양을 측정하는 방법 이다.

  (2) 분석과정(절차)
    ① 300 mL 둥근바닥 플라스크에 시료 적당량을 취하여 정제수를 넣어 전량을 100 mL로 한다.

② 시료에 **황산(1 + 2) 10 mL**를 넣고 황산은 분말 약 1 g을 넣어 세게 흔들어 준 다음 수 분간 방치한다.

③ **과망간산칼륨용액(0.005 M) 10 mL**를 정확히 넣고 둥근바닥플라스크에 냉각관을 붙이고 물중탕의 수면이 시료의 수면보다 높게 하여 끓는 물중탕기에서 **30분간** 가열한다.

④ 냉각관의 끝을 통하여 정제수 소량을 사용하여 씻어준 다음 냉각관을 떼어 낸다.

⑤ **옥살산나트륨용액(0.0125 M) 10 mL**를 정확하게 넣고 60 ℃ ~ 80 ℃를 유지하면서 과 망간산칼륨용액(0.005 M)을 사용하여 액의 색이 **엷은 홍색**을 나타낼 때까지 적정한다.

⑥ 정제수 100 mL를 사용하여 같은 조건으로 바탕시험을 행한다.

⑦ 시료의 양은 30분간 가열반응한 후에 과망간산칼륨용액(0.005 M)이 처음 첨가한 양의 50 % ~ 70 %가 남도록 채취한다. 다만 시료의 COD값이 10 mg/L 이하일 경우에는 시료 100 mL를 취하여 그대로 시험하며, 보다 정확한 COD값이 요구될 경우에는 과망간 산칼륨액(0.005 M)의 소모량이 처음 가한 양의 50 %에 접근하도록 시료량을 취한다.

2. 황산은 분말을 사용하는 이유

시료 중에 염소이온이 존재하는 경우 COD에 영향을 미치므로 염소이온을 제거하는 데 사용된다. 이때 황산은 대신 질산은용액(20 %) 또는 질산은 분말을 사용해도 된다. 염소이온 1 g에 대한 황산은의 당량은 4.4 g이며, 질산은의 당량은 4.8 g이다.

2. 노말헥산 추출물질 측정과정 및 시료채취에 대해 설명하십시오.

풀이 1. 측정과정

(1) 총 노말헥산추출물질

① 시료적당량(노말헥산 추출물질로서 5 mg ~ 200 mg 해당량)을 분별깔때기에 넣고 메틸오렌지용액(0.1 %) 2방울 ~ 3방울을 넣고 황색이 적색으로 변할 때까지 염산(1 + 1)을 넣어 시료의 pH를 4 이하로 조절한다.

② 시료의 용기는 **노말헥산 20 mL씩으로 2회** 씻어서 씻은 액을 분별깔때기에 합하고 마개를 하여 2분간 세게 흔들어 섞고 정치하여 노말헥산층을 분리하고 정제수 20 mL씩으로 수회 씻어준 다음 수층을 버리고 **노말헥산층에 무수황산나트륨을 수분이 제거될 만큼** 넣어 흔들어 섞고 수분을 제거한다.

③ 건조여과지를 사용하여 여과한다. 노말헥산을 항량으로 하며 무게를 미리 단 증발용기에 넣고 분별깔때기에 노말헥산 소량을 넣어 씻어 준 다음 여과하여 증발용기에 합한다.

④ 노말헥산 5 mL씩으로 여과지를 2회 씻어주고 씻은 액을 증발용기에 합한다.

⑤ **증발용기를 80 ℃로 유지한 전기 열판 또는 전기맨틀에 넣어 노말헥산을 증발**시킨다.

⑥ 증발용기를 (80 ± 5) ℃의 건조기 중에 30분간 건조하고 실리카겔 데시케이터에 넣어 정확히 30분간 방치하여 냉각한 후 무게를 단다.

⑦ 바탕시험을 행하고 보정한다.

(2) 총 노말헥산추출물질 중 광유류

노말헥산용액 전량을 1.2 mL/분의 속도로 **활성규산마그네슘 컬럼**을 통과시킨다.

(3) 총 노말헥산추출물질 중 동·식물 유지류

노말헥산추출물질 중 동·식물유지류의 양은 총노말헥산추출물질의 양에서 노말헥산추출물질 중 광유류의 양의 차로 구한다.

2. 시료채취

일반적으로 광구유리병에 채취하며, 즉시 시험이 어려운 경우 H_2SO_4로 pH 2 이하로 한 다음 4 ℃에서 보관한다. 최대 28일간 보관 가능하다.

3. 시료채취 시 유의사항에 대하여 설명하십시오.

풀이 시료채취 시 유의사항은 다음과 같다.

① 목적 시료의 성질을 대표할 수 있는 위치에서 시료채취용기 또는 채수기를 사용하여 채취한다.

② 시료 채취 용기는 시료를 채우기 전에 시료로 3회 이상 씻은 다음 사용한다.

③ 시료를 채울 때에는 시료의 교란이 일어나서는 안 되며 가능한 한 공기와 접촉하는 시간을 짧게 하여 채취한다.

④ 시료채취량은 보통 3 L ~ 5 L 정도이다.

⑤ 시료채취 시에 시료채취시간, 보존제 사용여부, 매질 등 분석결과에 영향을 미칠 수 있는 사항을 기재하여 분석자가 참고할 수 있도록 한다.

⑥ 지하수 시료는 고여 있는 물을 충분히 퍼낸 다음 새로 나온 물을 채취한다. 이 경우 퍼내는 양은 고여 있는 물의 4배 ~ 5배 정도이나 pH 및 전기전도도를 연속적으로 측정하여 이 값이 평형을 이룰 때까지로 한다.

⑦ 지하수 시료채취 시 심부층의 경우 저속양수펌프 등을 이용하여 반드시 저속으로 시료를 채취하여 시료 교란을 최소화하여야 하며, 천부층의 경우 저속양수펌프 또는 정량이송펌프 등을 사용한다.

⑧ 용존가스, VOCs, 유류 및 수소이온 등 측정을 위한 시료는 공기 접촉이 없게 가득 채운다.

⑨ 채취된 시료는 즉시 실험하여야 하며, 그렇지 못한 경우에는 각 시료의 보존방법에 따라 보존하고 규정된 시간 내에 실험하여야 한다.

※ VOCs 시료 채취 방법
- 채취용기는 뚜껑이 있는 유리용기 사용
- 용기 뚜껑의 내면은 손으로 만지지 않아야 함
- 용기의 공간이 생기지 않도록 가득 채워 채취
- 잔류염소 공존 시 아스코르빈산 첨가(시료 1 L당 1 g 정도)
- 냉장보관 또는 pH 2.0 이하로 조정(HCl 이용)

02 실기시험의 이해도

1. 본인이 수행한 실험에 대해 종합적으로 고찰하십시오.

- 시약 및 표준액 조제
- 기기 분석
- 계산 및 평가 과정

풀이 ① 시약 및 표준액 조제 : 시약 및 표준액 조제 과정을 단계별로 상세히 기술한다.

② 기기분석 : 분석조건을 기술 및 측정 시 발생 가능한 오차요인을 기술한다.

③ 계산 및 평가과정
　　㉠ 농도 계산관련 식 및 계산방법을 기술한다.
　　㉡ 평가과정 : 각 과정별 발생 가능한 오차 요인을 정도관리 목표와 비교하여 기술한다.

2. 실험보고서 작성 시 반드시 기입해야 하는 항목에 대하여 설명하십시오.

풀이 작업형 시험보고서와 관련된 항목을 기술한다.

03 측정분석자의 기본소양

1. 분석장비의 성능을 평가할 수 있는 인자를 열거하십시오.

(풀이) 분석장비에 대한 성능평가는 분석기기의 검증으로 CRM 등을 사용하여 장비의 특이성, 검출한계, 정량한계, 직선성, 범위 등으로 해당 장비의 성능을 검증한다.

2. 정도관리(QA/QC)를 최근에는 QM이라고 표시하는 경우가 늘고 있습니다. 본인이 생각하는 정도관리는 어떤 것들을 수행해야 하는지 설명하십시오.

(풀이) QM(Quality Management)는 품질관리 또는 품질경영이라고 하며 시험분석과 관련된 품질방침, 목표 및 책임을 결정하고, 그리고 품질시스템 내에서 품질계획, 품질관리, 품질보증 및 품질개선과 같은 수단에 의해 그것들을 수행하는 전반적인 모든 활동을 말한다.

그리고 이를 달성하기 위하여 시험기관은 분석을 담당한 실험실에서 믿을 수 있는 분석자료와 신뢰성 높은 결과를 얻기 위해 표준화된 순서에 따라 인력과 장비를 효율적으로 운용한다는 것을 규정하고 책임을 담보하는 장치인 품질경영시스템(quality management system)을 운영하는데 여기에는 믿을 수 있는 분석 자료와 신뢰성 높은 결과를 얻을 수 있도록 표화된 순서를 규정하는 실험실 운용계획인 **정도보증**(quality assurance)과 실험실에서 양질의 분석 자료와 결과를 얻을 수 있도록 하는 지침을 제공하는 **정도관리**(quality control)가 있다.

일반적으로 환경시험에서 시험자가 수행하는 정도관리는 환경오염공정시험기준에 따른 QA/QC를 수행하면 되며, 실험실 **정도보증** 요소는 다음과 같다.
① 시료채취 계획
② 시료채취 방법
③ 시료취급과 보관
④ 분석방법
⑤ 정도관리(QC)
⑥ 기기/장비의 시험, 검사, 유지관리
⑦ 기기/장비의 교정 및 주기
⑧ 용품 및 소모품의 검사 및 수납
⑨ 간접적 측정
⑩ 데이터 관리

정도관리(quality control) 요소에는 정확도, 정밀도, 검출한계, 정량한계, 바탕시험 등이 있다.

3. 정도관리의 평가기준으로 Z값(Z – score)을 사용하여 기관을 평가하는데 고전적인 통계 방법으로 Z – score를 구하는 방법을 설명하십시오.

풀이 Z값(Z – score)에 의한 평가

1. Z값의 도출

측정값의 정규분포 변수로서 대상기관의 측정값과 기준값의 차를 측정값의 분산정도 또는 목표표준편차로 나눈 값으로 산출한다.

$$Z = \frac{x - X}{s}$$

여기서, x는 대상기관의 측정값

X는 기준값

s는 측정값의 분산정도 또는 목표표준편차

단, 기준값은 시료의 제조방법, 시료의 균질성 등을 고려하여 다음 4가지 방법 중 한 방법을 선택한다.

① 표준시료 제조값

② 전문기관에서 분석한 평균값

③ 인증표준물질과의 비교로부터 얻은 값

④ 대상기관의 분석 평균값

2. 분야별 항목평가

도출된 개별 평가항목의 Z값에 따라 평가결과를 다음과 같이 각각 "적합"과 "부적합"으로 한다.

▼ 항목별 Z값에 따른 평가

적합	부적합
$|Z| \leq 2$	$2 < |Z|$

[환경분야 시험·검사 등에 관한 법률 시행규칙 정도관리 판정기준]

···03 수질분야(중금속) – A형

출제범위	출제문제
측정분석의 전문성	1. AAS 분석 시 시료 중 공존물이 존재할 경우 대처방안은 무엇입니까?
	2. ICP – AES(유도결합플라즈마 원자발광분석법) 분석법의 측정원리와 AAS(원자흡수분 광광도법) 대비 장점을 설명하십시오.
	3. 중금속 분석대상 시료의 성상별 특성을 고려한 전처리 방법에 대해 구술하십시오.
	4. 기타 중금속 관련질문.
실기시험의 이해도	1. 본인이 수행한 실험에 대해 종합적으로 고찰하십시오. 　(전처리, 기기분석, 계산 및 평가 과정 등)
	2. 실험보고서 작성 시 반드시 기입해야 하는 항목에 대하여 설명하십시오.
측정분석자의 기본소양	1. 화학물질 취급 시 일반적인 주의사항에 대해 설명하십시오.
	2. 수용액 속의 농도 표시법을 예를 들어 설명한 후 특징을 구술하십시오.
	3. 본인이 다루어 본 시료, 성분 등의 실험 경력에 대해 얘기해 보십시오.
	4. 기타 중금속 관련 질문.

01 측정분석의 전문성

1. AAS 분석 시 시료 중 공존물이 존재할 경우 대처방안은 무엇입니까?

 1. 공존 물질에 의한 간섭 현상 : 원소나 시료에 특유한 것으로 공존물질과 작용하여 해리하기 어려운 화합물이 생성되어 흡광에 관계하는 바닥상태의 원자수가 감소하는 경우이며, 불꽃의 온도가 분자를 들뜬 상태로 만들기에 충분히 높지 않아서, 해당 파장을 흡수하지 못하여 발생한다.

2. 대처 방안
　① 이온교환이나 용매추출 등에 의한 제거
　② 과량의 간섭원소의 첨가
　③ 간섭을 피하는 양이온(란타늄, 스트론튬, 알칼리 원소 등) 음이온 또는 은폐제, 킬레이트제 등의 첨가
　④ 목적원소의 용매추출
　⑤ 표준첨가법의 이용 등

2. ICP – AES(유도결합플라즈마 원자발광분석법) 분석법의 측정원리와 AAS(원자흡수분광광
   도법) 대비 장점을 설명하십시오.

풀이

구분	AAS	ICP – AES
측정원리	시료를 2,000 K ~ 3,000 K의 불꽃 속으로 시료를 주입하였을 때 생성된 바닥상태(Ground State)의 중성원자가 고유 파장의 빛을 흡수하는 현상을 이용하여, 개개의 고유 파장에 대한 흡광도를 측정하여 시료 중의 원소농도를 정량하는 방법이다.	시료를 고주파유도코일에 의하여 형성된 아르곤 플라즈마에 주입하여 6,000 K ~ 8,000 K에서 들뜬 상태의 원자가 바닥상태로 전이할 때 방출하는 발광선 및 발광강도를 측정하여 원소의 정성 및 정량분석에 이용하는 방법이다.
장단점 [AAS : 단점 ICP : 장점]	① 저온에서 중성원자 상태를 분석하는 것으로 원자화과정에서 화학적 방해가 일어난다. ② 한 번에 한 원소씩 검출 및 정량 가능하여 순차적으로 분석 시간이 많이 걸린다.	① 고온에서 분석이 이루어지므로 중성원자 상태를 거치지 않고 이온으로 들뜨게 하여 방출하는 파장을 측정함으로써 화학적 방해가 적다. ② 내화성 화합물을 생성하는 원소(텅스텐 등) 및 비금속원소(염소, 브롬, 황, 인 등)의 분석이 가능하다. ③ 동시에 여러 원소를 들뜨게 하여 동시분석이 가능하여 분석 시간이 단축된다. ④ 선형 범위가 매우 넓다.

3. 중금속 분석대상 시료의 성상별 특성을 고려한 전처리 방법에 대해 구술하십시오.

풀이 시료의 성상에 따라 적용 전처리 방법(산분해법, 마이크로웨이브 산분해법, 회화법 등)이 다르나 대표적인 시료의 성상별 전처리방법은 산분해법이다.
① 질산법 : 유기물함량이 비교적 높지 않은 시료의 전처리에 적용한다.
② 질산 – 염산법 : 유기물 함량이 비교적 높지 않고 금속의 수산화물, 산화물, 인산염 및 황화물을 함유하고 있는 시료에 적용. 휘발성 또는 난용성 염화물을 생성하는 금속 물질의 분석에는 주의한다.
③ 질산 – 황산법 : 유기물 등을 많이 함유하고 있는 대부분의 시료에 적용. 그러나 칼슘, 바륨, 납 등을 다량 함유한 시료는 난용성의 황산염을 생성하여 다른 금속성분을 흡착하므로 주의한다.
④ 질산 – 과염소산법 : 유기물을 다량 함유하고 있으면서 산분해가 어려운 시료에 적용한다.
⑤ 질산 – 과염소산 – 불화수소산 : 다량의 점토질 또는 규산염을 함유한 시료에 적용한다.

02 실기시험의 이해도

1. 본인이 수행한 실험에 대해 종합적으로 고찰하십시오.(전처리, 기기분석, 계산 및 평가 과정 등)

풀이 ① 시약 및 표준액 조제 : 시약 및 표준액 조제 과정을 단계별로 상세히 기술한다.
② 기기분석 : 분석조건을 기술 및 측정 시 발생 가능한 오차요인을 기술한다.

③ 계산 및 평가과정
   ㉠ 농도 계산관련 식 및 계산방법을 기술한다.
   ㉡ 평가과정 : 각 과정별 발생 가능한 오차 요인을 정도관리 목표와 비교하여 기술한다.

2. 실험보고서 작성 시 반드시 기입해야 하는 항목에 대하여 설명하십시오.

풀이 작업형 시험보고서와 관련된 항목을 기술한다.

03 측정분석자의 기본소양

1. 화학물질 취급 시 일반적인 주의사항에 대해 설명하십시오.

풀이 약품을 사용할 경우 가장 먼저 해야 할 일은 제조자에 의해 표시된 위험성과 취급 시 주의사항을 읽어보고 국립환경과학원에서 발간한 화학사고 예방 핸드북, 한국산업안전공단에서 발행한 화학물질의 위험특성 데이터 북, 미국 노동안전위생국의 물질안전보건자료(MSDS) 등을 참고하여 실험하는 동안 위험성과 필요한 안전장비 및 사고에 대비하여 응급조치법도 숙지하고 있어야 한다.

1. 화학물질의 운반
   ① 증기를 발산하지 않는 내압성 보관용기로 운반
   ② 저장소 보관 중에는 창으로 환기가 잘 되도록 한다.
   ③ 점화원 제거 후 운반
   ※ 화학물질은 엎질러지거나 넘어질 수 있으므로 엘리베이터나 복도에서 용기를 개봉한 채로 운반 금지

2. 화학물질의 저장
   ① 모든 화학물질은 **특별한 저장 공간**이 있어야 한다.
   ② 모든 화학물질은 물질이름, 소유자, 구입날짜, 위험성, 응급절차를 나타내는 라벨을 부착한다.
   ③ 일반적으로 위험한 물질은 직사광선을 피하고 냉암소에 저장, 이종물질을 혼입하지 않도록 함과 동시에 화기, 열원으로부터 격리해야 한다.

④ 다량의 위험한 물질은 소정의 저장고에 종류별로 저장하고, 독극물은 약품 선반에 잠금장치를 설치하여 보관한다.

⑤ 특히 위험한 약품의 분실, 도난 시 담당책임자에게 보고한다.

3. 화학물질의 취급 및 사용

① 모든 용기에는 약품의 명칭을 기재하고 쓰여 있지 않는 용기의 약품은 사용하지 않는다.

② 절대로 모든 약품에 대하여 맛을 보거나 냄새를 맡는 행위를 금하고 입으로 피펫을 빨지 않는다.

③ 사용한 물질의 성상, 화재 폭발 위험성 조사 전에는 취급 금지

④ 위험한 물질 사용 시 소량 사용하고 미지의 물질에 대해서는 예비시험 필요

⑤ 위험한 물질을 사용하기 전에 재해 방호수단을 미리 생각하여 만전의 대비 필요

⑥ 약품이 엎질러졌을 때는 즉시 청결하게 조치하고 누출 양이 적은 때는 전문가가 안전하게 제거

⑦ 화학물질과 직접적인 접촉을 피한다.

2. 수용액 속의 농도 표시법을 예를 들어 설명한 후 특징을 구술하십시오.

풀이 일반적으로 환경시험에서 농도 표시 방법은 백분율, 천분율, 백만분율, 십억분율, 규정농도, 몰농도로 표시한다.

1. 백분율(parts per hundred)
① 표시방법 : W/V %, V/V %, V/W %, W/V %
다만, 용액의 농도를 "%"로만 표시할 때는 W/V %를 말한다.
② 특징 : 주로 **전처리용 시약 조제**에 많이 사용된다.
③ 예 : 20 % 수산화나트륨 용액

2. 천분율(ppt, parts per thousand)
① 표시방법 : g/L, g/kg
② 특징 : 환경분석에서 거의 사용되지는 않는 농도 표시이나, 수처리제시험 등에서 간혹 사용된다.

3. 백만분율(ppm, parts per million)
① 표시방법 : mg/L, mg/kg
② 특징 : **환경분석에서 가장 많이 사용하는 농도 단위이다.** 측정결과 값의 표시, 표준용액의 농도에 사용된다.
③ 예 : 페놀 10.0 mg/L 표준용액

4. 십억분율(ppb, parts per billion)
① 표시방법 : μg/L, μg/kg
② 특징 : 백만분율과 함께 환경분석에서 **측정결과 값과 표준용액 제조**에 많이 사용된다.
③ 예 : VOC 10.0 ug/L

5. **기타** : 노르말(N)농도[규정농도], 몰(M)농도를 사용한다.
　① 표시방법 : N, M
　② 특징 : **적정용 시약 제조에 주로 사용된다.**
　③ 예 : 티오황산나트륨 용액(0.025 N)
　　　　 과망산간칼륨 용액(0.02 M)

3. 본인이 다루어 본 시료, 성분 등의 실험 경력에 대해 얘기해 보십시오.

풀이 금속류 분석과 관련하여 취급한 시료의 종류(먹는물, 지하수, 염수 또는 해수, 하천수, 폐수, 토양, 폐기물, 대기 등)에 대해 기술하고 시료별 특별한 성분분석에 따른 특징을 기술한다.

···04 수질분야(중금속) – B형

출제범위	출제문제
측정분석의 전문성	1. 검정곡선의 검증방법에 대해 설명하십시오.
	2. AAS 간섭현상과 해소방안을 설명하십시오.
	3. 분석대상 시료의 성상별 특성을 고려한 전처리 방법에 대해 구술하십시오.
	4. 기타 중금속 관련 질문
실기시험의 이해도	1. 본인이 수행한 실험에 대해 종합적으로 고찰하십시오. (전처리, 기기분석, 계산 및 평가 과정 등)
	2. 실험보고서 작성 시 반드시 기입해야 하는 항목에 대하여 설명하십시오.
측정분석자의 기본소양	1. 화학물질 취급 시 일반적인 주의사항에 대해 설명하십시오.
	2. 완충용액(Buffer solution)에 대해 설명하십시오.
	3. 본인이 다루어 본 시료, 성분 등의 실험 경력에 대해 얘기해 보십시오.
	4. 기타 중금속 관련 질문

01 측정분석의 전문성

1. 검정곡선의 검증방법에 대해 설명하십시오.

풀이 검정곡선검증(CCV, calibration curve verification) 방법

① 검정곡선검증은 측정장비와 시험방법의 검정곡선 확인을 위해 시료 분석 시마다 실시한다.

② 검정곡선 확인에 필요한 시료는 **바탕시료(blank sample)**와 1개의 측정항목에 대한 **표준물질 (standard) 한 개** 농도로 최소 2개 시료로 검증한다.

③ 모든 확인은 시료의 분석 이전에 수행하여 시스템을 재검정하고, 검정결과는 시험방법에 명시되어 있는 자세한 관리기준 이내여야 한다. 일반적인 관리기준은 90 % ~ 110 %이다.

④ 실험 중에는 초기 검정곡선 확인 이후 주기적으로 **검정곡선검증(calibration curve verification)**을 실시하는데, 이는 표준용액의 이상, 측정 장비의 편차나 편향(bias)을 확인하기 위한 것으로 분석 중에 실시한다.

⑤ 검정곡선검증은 시료 10개 또는 20개 단위로 검증하거나 시료군(batch)별로 실시한다. 단 분석시간이 긴 경우는 8시간 간격으로 실시한다.

⑥ 검정곡선검증에서 기준값을 초과하면, 검정곡선을 다시 작성하고, 검정곡선 검증에 이상이 없으면 검정곡선 검증 이후 시료를 다시 분석한다.

2. AAS 간섭현상과 해소방안을 설명하십시오.

풀이 AAS의 간섭은 저온에서 중성원자 상태를 분석하는 것으로 원자화과정에서 화학적 방해가 일어나며, 간섭의 종류로는 분광학적 간섭, 물리적 간섭, 이온화간섭, 화학적 간섭이 있다.

1. 물리적 간섭
① 현상 : 표준용액과 시료 또는 시료와 시료 간의 물리적 성질(점도, 밀도, 표면장력 등)의 차이 또는 표준물질과 시료의 매질(matrix) 차이에 의해 발생한다.
② 해소방안 : 표준용액과 시료 간의 매질을 일치시키거나 표준물질첨가법을 사용하여 방지할 수 있다.

2. 화학적 간섭
① 현상 : 원소나 시료에 특유한 것으로 공존물질과 작용하여 해리하기 어려운 화합물이 생성되어 흡광에 관계하는 바닥상태의 원자수가 감소하는 경우이며, 불꽃의 온도가 분자를 들뜬 상태로 만들기에 충분히 높지 않아서, 해당 파장을 흡수하지 못하여 발생한다.
② 해소방안 : 이온교환이나 용매추출 등에 의한 제거, 과량의 간섭원소의 첨가, 간섭을 피하는 양이온(란타늄, 스트론튬, 알칼리 원소 등), 음이온 또는 은폐제, 킬레이트제 등의 첨가, 목적원소의 용매추출, 표준물첨가법의 이용 등

3. 이온화 간섭
① 현상 : 원소나 시료에 특유한 것으로 불꽃온도가 너무 높을 경우 중성원자에서 전자를 빼앗아 이온이 생성될 수 있으며 이 경우 음(−)의 오차가 발생하게 된다.
② 해소방안 : 시료와 표준물질에 보다 쉽게 이온화되는 물질(이온화 에너지, 이온화 전위, 이온화 전압이 더 낮은 물질)을 과량 첨가하면 감소시킬 수 있다.

4. 분광학적 간섭
① 현상 : 분석에 사용하는 스펙트럼선이 다른 인접선과 완전히 분리되지 않은 경우와 분석에 사용하는 스펙트럼선의 불꽃 중에서 생성되는 목적원소의 원자증기 이외의 물질에 의하여 흡수되는 경우에 발생한다.
② 해소방안 : 슬릿 간격을 좁히거나, 고농도 유기물 및 용존 고체 물질 제거, 대체파장 선택으로 감소시킬 수 있다.

3. 분석대상 시료의 성상별 특성을 고려한 전처리 방법에 대해 구술하십시오.

풀이 시료의 성상에 따라 적용 전처리 방법(산분해법, 마이크로웨이브 산분해법, 회화법 등)이 다르나 대표적인 시료의 성상별 전처리방법은 산분해법이다.
① 질산법 : 유기물함량이 비교적 높지 않은 시료의 전처리에 적용한다.
② 질산−염산법 : 유기물 함량이 비교적 높지 않고 금속의 수산화물, 산화물, 인산염 및 황화물을 함유하고 있는 시료에 적용. 휘발성 또는 난용성 염화물을 생성하는 금속 물질의 분석에는 주의한다.

③ 질산 – 황산법 : 유기물 등을 많이 함유하고 있는 대부분의 시료에 적용. 그러나 **칼슘, 바륨, 납** 등을 다량 함유한 시료는 난용성의 황산염을 생성하여 다른 금속성분을 흡착하므로 주의한다.

④ 질산 – 과염소산법 : 유기물을 다량 함유하고 있으면서 산분해가 어려운 시료에 적용한다.

⑤ 질산 – 과염소산 – 불화수소산 : 다량의 점토질 또는 규산염을 함유한 시료에 적용한다.

02 실기시험의 이해도

1. 본인이 수행한 실험에 대해 종합적으로 고찰하십시오.(전처리, 기기분석, 계산 및 평가 과정 등)

풀이 ① 전처리 : 시약 및 표준액 조제 과정과 전처리를 수행한 과정을 단계별로 상세히 기술한다.

② 기기분석 : 분석조건을 기술 및 측정 시 발생 가능한 오차요인을 기술한다.

③ 계산 및 평가과정
  ㉠ 농도 계산관련 식 및 계산방법을 기술한다.
  ㉡ 평가과정 : 각 과정별 발생 가능한 오차 요인을 정도관리 목표와 비교하여 기술한다.

2. 실험보고서 작성 시 반드시 기입해야 하는 항목에 대하여 설명하십시오.

풀이 작업형 시험보고서와 관련된 항목을 기술한다.

03 측정분석자의 기본소양

1. 화학물질 취급 시 일반적인 주의사항에 대해 설명하십시오.

풀이 약품을 사용할 경우 가장 먼저 해야 할 일은 제조자에 의해 표시된 위험성과 취급 시 주의사항을 읽어보고 국립환경과학원에서 발간한 화학사고 예방 핸드북, 한국산업안전공단에서 발행한 화학물질의 위험특성 데이터 북, 미국 노동안전위생국의 물질안전보건자료(MSDS) 등을 참고하여 실험하는 동안 위험성과 필요한 안전장비 및 사고에 대비하여 응급조치법도 숙지하고 있어야 한다.

1. 화학물질의 운반

　① 증기를 발산하지 않는 내압성 보관용기로 운반

　② 저장소 보관 중에는 창으로 환기가 잘 되도록 한다.

　③ 점화원 제거 후 운반

　※ 화학물질은 엎질러지거나 넘어질 수 있으므로 엘리베이터나 복도에서 용기를 개봉한 채로 운반 금지

2. 화학물질의 저장

　① 모든 화학물질은 **특별한 저장 공간**이 있어야 한다.

　② 모든 화학물질은 물질이름, 소유자, 구입날짜, 위험성, 응급절차를 나타내는 라벨을 부착한다.

　③ 일반적으로 위험한 물질은 직사광선을 피하고 냉암소에 저장, **이종물질을 혼입하지 않도록** 함과 동시에 화기, 열원으로부터 격리해야 한다.

　④ 다량의 위험한 물질은 소정의 저장고에 종류별로 저장하고, **독극물은 약품 선반에 잠금장치를 설치하여 보관**한다.

　⑤ 특히 위험한 약품의 분실, 도난 시 담당책임자에게 보고한다.

3. 화학물질의 취급 및 사용

　① 모든 용기에는 약품의 명칭을 기재하고 쓰여 있지 않는 용기의 약품은 사용하지 않는다.

　② 절대로 모든 약품에 대하여 맛을 보거나 냄새를 맡는 행위를 금하고 입으로 피펫을 빨지 않는다.

　③ 사용한 물질의 성상, 화재 폭발 위험성 조사 전에는 취급 금지

　④ 위험한 물질 사용 시 소량 사용하고 미지의 물질에 대해서는 예비시험 필요

　⑤ 위험한 물질을 사용하기 전에 재해 방호수단을 미리 생각하여 만전의 대비 필요

　⑥ 약품이 엎질러졌을 때는 즉시 청결하게 조치하고 누출 양이 적은 때는 전문가가 안전하게 제거

　⑦ 화학물질과 직접적인 접촉을 피한다.

2. 완충용액(Buffer solution)에 대해 설명하십시오.

풀이 1. 정의 : 용액에 산이나 염기를 가했을 때 pH의 변화를 최소화할 수 있는 용액을 완충용액이라 하며, 보통 약산과 그의 염을 함유하거나 약염기와 그 염기의 염이 함유된 용액이다.

2. 완충방정식 : $pH = pKa + \log\dfrac{[염기]}{[산]}$

3. 본인이 다루어 본 시료, 성분 등의 실험 경력에 대해 얘기해 보십시오.

풀이 금속류 분석과 관련하여 취급한 시료의 종류(먹는물, 지하수, 염수 또는 해수, 하천수, 폐수, 토양, 폐기물, 대기 등)에 대해 기술하고 시료별 특별한 성분분석에 따른 특징을 기술한다.

ᆢ05 수질분야(유기물질) – A형

출제범위	출제문제
측정분석의 전문성	1. 유기인계 농약을 분석할 수 있는 가능한 추출 방법들을 열거하고 그 방법들의 특징을 간단히 설명하십시오.
	2. 기체크로마토그래피에서 겹쳐진 피크를 분리하기 위한 방법에 대해 설명하십시오.
	3. 유기 분석을 위해서 GC(또는 GC/MS)를 분석할 때, 샘플에 internal standard를 첨가하는 경우가 많습니다. internal standard와 일반 standard와의 화학적 차이점은 무엇이고, internal standard를 첨가하는 이유를 설명하십시오.
실기시험의 이해도	1. 탄천 중의 유기인계 농약 오염도를 분석하고자 합니다. 시료 채취부터 결과 보고까지를 도식화하여 설명하십시오. 각 단계마다 검토해야 할 사항들은 무엇입니까? (시료채취, 운송 및 보관, 표준용액 준비, 시료전처리, 검정곡선 기기분석 등)
측정분석자의 기본소양	1. 정밀도(Precision)와 정확도(Accuracy)를 논하고 기기분석 시 구하는 방법을 간단히 열거하십시오.
	2. 방법검출한계와 방법정량한계에 대해 논하고 기기분석 시 구하는 방법을 간단히 열거하십시오.
	3. 유기물질 분석과 관련하여 본인이 수행한 분석 경험에 대해 답하십시오.
	4. 기타 유기물질 관련 질문

01 측정분석의 전문성

1. 유기인계 농약을 분석할 수 있는 가능한 추출 방법들을 열거하고 그 방법들의 특징을 간단히 설명하십시오.

풀이　1. 헥산 추출법

　① 개요 : 시료 500 mL를 분액깔때기에 취한 후 크로마토그래프용 헥산 50 mL로 1차 추출하고, 다시 헥산 25 mL씩 사용하여 2회 이상 반복 추출한 다음 추출액을 농축하여 시험용액으로 하는 방법이다.

　② 특징
　　㉠ 단일 용매로 편리하다.
　　㉡ 헥산으로 추출하는 경우 추출용매인 헥산은 수층의 상부에 위치한다.
　　㉢ 메틸디메톤의 추출률이 낮아질 수 있다.

2. 다이클로로메탄 + 헥산 혼합용액(15 : 85) 추출법

　① 개요 : 헥산으로 추출하는 경우 메틸디메톤의 추출률이 낮아질 수도 있으며, 이때 추출용매를 헥산 대신 다이클로로메탄과 헥산의 혼합용액을 사용하여 추출한다.

　② 특징
　　㉠ 혼합용매로 조제의 불편함이 있다.
　　㉡ 추출용매의 위치는 수층의 하부에 위치한다.
　　㉢ 헥산 용매 추출 대비 메틸디메톤의 추출률이 높다.

3. 기타 추출법
　　SPE를 이용한 고상추출법, 용매가속추출장치를 이용한 추출법 등이 있으나 공정시험기준에서는 용매추출법을 제시하고 있다.

---

2. 기체크로마토그래피에서 겹쳐진 피크를 분리하기 위한 방법에 대해 설명하십시오.

풀이 GC에서 겹쳐진 피크를 분리하기 위해서는 분리능을 개선해야 하는데 일반적인 방법으로는 컬럼 교체, 분리 온도 조건 변화, 주입 split ratio 변화 등이 있다.
　① 컬럼의 길이는 분리능을 향상시키므로 컬럼 길이가 보다 긴 컬럼을 사용하여 분석한다.
　② 오븐 온도 프로그램을 보다 최적의 조건으로 변경하여 분리능을 향상시킨다.
　③ 주입방법에서 split ratio를 변화시킨다.
　④ 기타 이동상 유속 변화 등으로 분리능을 개선한다.

---

3. 유기 분석을 위해서 GC(또는 GC/MS)를 분석할 때, 샘플에 internal standard를 첨가하는 경우가 많습니다. internal standard와 일반 standard와의 화학적 차이점은 무엇이고, internal standard를 첨가하는 이유를 설명하십시오.

풀이 1. internal standard와 일반 standard와의 화학적 차이점
　① 일반 standard : 일반 환경에서 발견되며, 분석 시 검정곡선 작성용 등으로 주로 사용된다.
　② internal standard : 내부표준물질(IS)은 분석대상물질과 물리적 · 화학적 특성이 유사하며, 일반 환경에서는 발견되지 않고 분석대상물질의 분석에 방해가 되지 않는 물질이다.

2. internal standard를 첨가하는 이유
　분석 장비의 손실/오염, 시료 보관 중의 손실/오염, 분석 결과를 보정하고 정량을 위해 사용한다. 내부표준물질은 측정분석 직전에 바탕시료, 검정곡선용 표준물질, 시료 또는 시료추출물질에 첨가하며, 내부표준물질의 머무름시간은 모든 분석대상물질과 분리되어야 한다.

02 실기시험의 이해도

1. 탄천 중의 유기인계 농약 오염도를 분석하고자 합니다. 시료 채취부터 결과 보고까지를 도식화하여 설명하십시오. 각 단계마다 검토해야 할 사항들은 무엇입니까?(시료채취, 운송 및 보관, 표준용액 준비, 시료전처리, 검정곡선 기기분석 등)

 풀이

> Step 1. 시료채취

- 검토사항 : 채취 용기는 미리 세척하여 준비한 1 L 유리재질의 채취병을 준비하고 채취 후 즉시 시험이 불가한 경우 보존제인 HCl로 pH 5 ~ 9로 하여 보존하며, 시료채취 기록부에 관련 사항을 기록한다.

> Step 2. 운송 및 보관

- 검토사항 : 채취한 시료를 10 ℃ 이하의 냉장 상태에서 실험실로 이송하고, 즉시 실험이 불가한 경우 4 ℃에서 보관하고 7일 이내 추출하도록 한다.

> Step 3. 표준용액 준비

- 검토사항 : 순도 98 % 이상의 유기인 표준물인 다이아지논, 파라티온, 이피엔, 메틸디메톤 및 펜토에이트를 사용하여 혼합 표준용액(5 mg/L)을 제조한다. 또는 시판되는 표준용액을 구매하여 사용한다.

> Step 4. 시료전처리

- 검토사항
  ① 헥산 추출 시 메틸디메톤의 추출률이 낮아질 수도 있으며, 이때에는 헥산 대신 다이클로로메탄과 헥산의 혼합용액(15 : 85)을 사용 추출한다.
  ② 정제가 필요시 실리카겔, 플로리실 컬럼 정제를 한다.

- 전처리 방법
  ① 시료 500 mL를 1 L 분별깔때기에 취한 후, 염화나트륨 5 g을 넣어 녹인 후 염산을 사용하여 시료의 pH를 3 ~ 4로 조절한다.
  ② 여기에 크로마토그래프용 헥산 50 mL를 넣어 약 3분간 세게 흔들어 추출하고, 수층에 다시 크로마토그래프용 헥산 25 mL씩을 넣어 추출조작을 2회 이상 반복하고 헥산 층을 250 mL 분별깔때기에 합한다.
  ③ 추출용매를 크로마토그래프용 증류수 2 mL씩으로 2회 이상 씻어주고 소량의 크로마토그래프용 무수황산나트륨으로 탈수한 다음 여과한다.
  ④ 농축기로 수욕상의 40 ℃ 이하에서 약 5 mL가 될 때까지 농축한 다음 실온에서 공기(또는

질소)를 송기하여 잔류 헥산 층을 휘발시킨 다음 헥산으로 정확히 1 mL를 맞추고 시험 용액으로 한다.

Step 5. 검정곡선

- 검토사항 : 검정곡선 작성 시 최저 농도는 정량한계 부근으로 하며, 최소 3단계 이상, 가능하면 5단계 이상으로 작성한다.
- 작성방법 : 표준용액 0.5 mL ~ 10 mL를 단계적으로 취하여 10 mL 부피플라스크에 넣고 기체크로마토그래프용 헥산을 넣어 표선을 채운 다음 일정량을 미량주사기를 사용하여 기체크로마토그래프에 주입하고 크로마토그램을 작성하여 각 성분의 양과 피크의 높이 또는 면적과의 관계식을 작성한다.

Step 6. 기기분석

- 검토사항 : 검정곡선의 범위를 벗어나는 경우 희석하여 재분석한다.
- 분석방법 : 미량주사기를 사용하여 시험용액을 1 uL ~ 2 uL씩 GC에 주입하여 분석한다.

Step 7. 결과보고

- 검토사항 : 측정값에 대한 바탕시험값 보정과, 희석배수를 계산에 반드시 고려한다.
- 계산 : 각 시료별 크로마토그램으로부터 각 물질에 해당되는 피크의 면적을 측정한 후 농도 (mg/L)를 계산한다.

$$농도 \; (\text{mg/L}) = \frac{A_s \times V_f}{W_d \times V_i}$$

여기서, A_s : 검정곡선에서 얻어진 유기인의 양 (ng)

V_f : 최종액량 (mL)

W_d : 시료의 양 (mL)

V_i : 시료의 주입량 (μL)

Step 8. 시험기록부 작성 및 성적서 발급

03 측정분석자의 기본소양

1. 정밀도(Precision)와 정확도(Accuracy)를 논하고 기기분석 시 구하는 방법을 간단히 열거하십시오.

풀이 **1.** 정밀도(Precision)

① 정의 : 시험분석 결과의 반복성을 나타낸다.

② 표시방법 : 반복 시험하여 얻은 결과를 **상대표준편차(RSD)**로 나타내며, 연속적으로 n회 측정한 결과의 평균값($\bar{x}$)과 표준편차 (s)로 구한다. 일반적으로 정밀도는 그 값이 $\pm\,25\,\%$ 이내이어야 한다.

$$정밀도\,(\%) = \frac{s}{x} \times 100$$

③ 측정 방법 : 정제수에 정량한계 농도의 2배 ~ 10배 또는 검정곡선의 중간농도가 되도록 동일하게 표준물질을 첨가한 시료를 4개 이상 준비하여, 분석절차와 동일하게 측정하여 평균 값과 표준편차를 구한다.

2. 정확도(Accuracy)

① 정의 : 시험분석 결과가 참값에 얼마나 근접하는가를 나타낸다.

② 표시방법

- 동일한 매질의 인증시료를 확보할 수 있는 경우 : 표준절차서(SOP)에 따라 **인증표준물질**을 분석한 결과값(C_M)과 인증값(C_C)과의 상대백분율로 구한다.
- 인증시료를 확보할 수 없는 경우 : 해당 **표준물질**을 첨가하여 시료를 분석한 분석값 (C_{AM})과 첨가하지 않은 시료의 분석값(C_S)과의 차이를 첨가 농도(C_A)의 상대백분율 또는 회수율로 구한다. 일반적으로 정확도는 $75\,\%$ ~ $125\,\%$ 이내이어야 한다.

$$정확도\,(\%) = \frac{C_M}{C_C} \times 100 \;=\; \frac{C_{AM} - C_S}{C_A} \times 100$$

③ 측정 방법 : 정밀도 시험과 동일하게 시료를 준비하여 측정한 후에 회수율을 계산한다.

2. 방법검출한계와 방법정량한계에 대해 논하고 기기분석 시 구하는 방법을 간단히 열거하십시오.

풀이 1. 방법검출한계

① 정의 : 방법검출한계는 시료를 전처리 및 분석 과정을 포함한 해당 시험방법에 의해 시험·검사한 결과가 검출가능한 최소 농도로서, 어떠한 매질 종류에 측정항목이 포함된 시료를 시험방법에 의해 시험·검사한 결과가 99 % 신뢰 수준에서 0보다 분명히 큰 최소 농도이다.

② 측정 및 계산 방법 : 방법검출한계 산출방법은 검출이 가능한 정도의 측정 항목 농도를 가진 최소 7개 시료를 시험방법으로 분석하고 각 시료에 대한 **표준편차**(s)와 자유도 $n-1$의 t 분포값 3.143(신뢰도 98 %에서 자유도 6에 대한 값)을 곱하여 구한다.

$$방법검출한계(MDL) = 3.14 \times s$$

2. 방법정량한계

① 정의 : 시험분석 대상을 정량화할 수 있는 (최소)측정값이다.

② 측정 및 계산 방법 : 제시된 정량한계 부근의 농도를 포함하도록 시료를 준비하고 이를 반복 측정하여 얻은 결과의 **표준편차**(s)에 10배 한 값을 사용한다.

$$정량한계(LOQ) = 10 \times s$$

3. 유기물질 분석과 관련하여 본인이 수행한 분석 경험에 대해 답하십시오.

풀이 유기물질 분석과 관련하여 취급한 시료의 종류(먹는물, 지하수, 염수 또는 해수, 하천수, 폐수, 토양, 폐기물, 대기 등)에 대해 기술하고 시료별 특별한 성분분석에 따른 특징을 기술한다.

···06 수질분야(유기물질) – B형

출 제 범 위	출 제 문 제
측정분석의 전문성	1. 유기인계 농약을 분석할 수 있는 가능한 추출 방법들을 열거하고 그 방법들의 특징을 간단히 설명하십시오.
	2. 기체크로마토그래프를 구성하고 있는 기기구성 명칭을 말하고 그 역할을 간단히 설명하십시오.
	3. 본 실험에서는 표준용액의 검정곡선을 작성해서 정량하였습니다. 동일한 매질에 표준물질을 첨가한 후 추출과정을 거쳐 검정곡선을 작성하는 매질첨가 검정곡선 방법과의 차이점에 대해서 설명하십시오.
	4. 기타 유기물질 관련 질문
실기시험의 이해도	1. 탄천 중의 유기인계 농약 오염도를 분석하고자 합니다. 시료 채취부터 결과 보고까지를 도식화하여 설명하십시오. 각 단계마다 검토해야 할 사항들은 무엇입니까? (시료채취, 운송 및 보관, 표준용액 준비, 시료전처리, 검정곡선 기기분석 등)
측정분석자의 기본소양	1. 정밀도(Precision)와 정확도(Accuracy)를 논하고 기기분석 시 구하는 방법을 간단히 열거하십시오.
	2. 방법검출한계와 방법정량한계에 대해 논하고 기기분석 시 구하는 방법을 간단히 열거하십시오.
	3. 유기물질 분석과 관련하여 본인이 수행한 분석 경험에 대해 답하십시오.
	4. 기타 유기물질 관련 질문

01 측정분석의 전문성

1. 유기인계 농약을 분석할 수 있는 가능한 추출 방법들을 열거하고 그 방법들의 특징을 간단히 설명하십시오.

풀이 수질분야[유기물질] – A형 해설 참조

2. 기체크로마토그래프를 구성하고 있는 기기구성 명칭을 말하고 그 역할을 간단히 설명하십시오.

풀이

1. **주입부(Inlet)** : 시료를 도입하는 부분으로 시료를 기화시키는 역할을 한다.
   일반적으로 분할/비분할(split/splitless) inlet, on−column inlet 등이 있다. 일반적으로 주입방식은 미량주사기를 사용하여 주입하며, 현재 대부분의 GC는 자동주입장치(auto−injector 또는 auto−sampler)를 사용하여 주입한다.

2. **오븐(Oven)** : 시료를 분리하는 컬럼이 있는 곳으로 분석 온도를 프로그램에 따라 변화시킨다.
   일반적으로 오븐은 ±0.1 ℃ 이내로 조절이 되어야 한다.

3. **검출기(Detector)** : 컬럼에서 분리되어 나오는 시료를 검출하는 장치로 목적에 따라 열전도도 검출기(Thermal Conductivity Detector, TCD), 불꽃이온화 검출기(Flame Ionization Detector, FID), 전자포획형 검출기(Electron Capture Detector, ECD), 불꽃광도형 검출기(Flame Photometric Detector, FPD) 등이 있으며, 정량과 정성을 목적으로 질량분석기를 사용하기도 한다.

4. **컬럼(Column)** : 분석물질을 분리하는 역할을 한다.
   ① 종류 : 구리, 스테인리스, 유리관 내부에 고정상이 코팅된 담체를 충진시킨 packed 컬럼과 용융실리카 모세관 내부에 고정상을 코팅한 캐필러리 컬럼이 있다.
   ② 고정상의 종류 : 극성에 따라 극성 및 비극성 컬럼이 있으며, 일반적으로 환경에서는 100 %−메틸폴리실록산(100 %−methylpolysiloxane) 또는 5 %−페닐메틸폴리실록산([5 %−phenyl]methylpolysiloxane)이 코팅된 DB−1, DB−5 및 DB−624 등이 주로 사용된다.

5. **운반가스(Gas)**
   운반가스는 충전물이나 시료에 대하여 불활성이고 사용하는 검출기의 작동에 적합한 것을 사용한다. 일반적으로 순도 99.99 % 이상의 헬륨, 질소를 사용한다.

6. **전산장치**
   분석결과를 처리 및 출력하는 장치이다.

7. **기타**
   운반 가스, 연료가스, 보조가스와 가스의 유량을 조절하는 유량계 등이 있다.

3. 본 실험에서는 표준용액의 검정곡선을 작성해서 정량하였습니다. 동일한 매질에 표준물질을 첨가한 후 추출과정을 거쳐 검정곡선을 작성하는 매질첨가 검정곡선 방법과의 차이점에 대해서 설명하십시오.

풀이 1. 검정곡선법(external standard method) : 일반적으로 표준용액을 단계별로 3 ~ 5개를 사용하여 농도와 지시값(Area)에 대한 검정곡선을 작성하는 방법으로 가장 많이 사용하는 검정곡선 작성 방법의 하나이다.

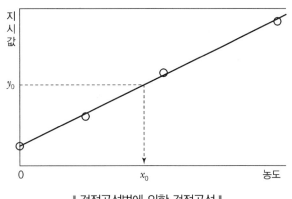

‖ 검정곡선법에 의한 검정곡선 ‖

2. 매질첨가법[표준물첨가법(standard addition method)]
시료와 동일한 매질에 표준물질을 첨가하여 검정곡선을 작성하는 방법으로 매질효과가 큰 분석 대상 시료와 동일한 매질의 표준시료를 확보하지 못한 경우에 **매질효과를** 보정할 수 있는 방법이다.

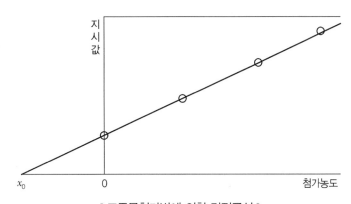

‖ 표준물첨가법에 의한 검정곡선 ‖

02 실기시험의 이해도

1. 탄천 중의 유기인계 농약 오염도를 분석하고자 합니다. 시료 채취부터 결과 보고까지를 도식화하여 설명하십시오. 각 단계마다 검토해야 할 사항들은 무엇입니까?(시료채취, 운송 및 보관, 표준용액 준비, 시료전처리, 검정곡선 기기분석 등)

> **풀이** 수질분야[유기물질]−A형 해설 참조

03 측정분석자의 기본소양

1. 정밀도(Precision)와 정확도(Accuracy)를 논하고 기기분석 시 구하는 방법을 간단히 열거하십시오.

> **풀이** 수질분야[유기물질]−A형 해설 참조

2. 방법검출한계와 방법정량한계에 대해 논하고 기기분석시 구하는 방법을 간단히 열거하십시오.

> **풀이** 수질분야[유기물질]−A형 해설 참조

3. 유기물질 분석과 관련하여 본인이 수행한 분석 경험에 대해 답하십시오.

> **풀이** 수질분야[유기물질]−A형 해설 참조

···01 수질분야 일반항목

출제범위	출제문제
측정분석의 전문성Ⅰ [시료채취]	1. 하천수의 시료채수에 대해 아는 대로 열거하시오. (1) 하천본류와 지류가 합류 시 채취지점 (2) 하천단면에서 채취지점
	2. 시료를 채취하여 보존하는 경우 현장에서 즉시 측정해야 할 항목과 최대 48시간 안에 측정해야 할 항목을 아는 대로 열거하시오.
	3. 하천수에서의 수질기준을 BOD에서 TOC로 전환하기 위해 1년간 수질 모니터링을 실시하고자 한다. 이때 주요하천에서의 수질조사지점을 결정하는 데 고려되어야 하는 사항을 3가지 이상 열거하고 이유를 설명하시오.
	4. 총질소와 질산성 질소, 총인과 인산염인 시료를 분석하기 위해 시료를 폴리에틸렌 통에 2L 채취하였다. 그러나 바로 측정이 불가하여 불가피하게 시료를 보관하여야 한다. 적당한 보관 방법을 설명하시오.
측정분석의 이해도Ⅱ [시료분석]	1. 흡광광도법(아스코르빈산 환원법)으로 총인을 측정할 때 측정원리에 대해 간단히 서술하시오.
	2. 경인 아라천은 해수 : 담수의 비율이 2 : 1로 관리되고 있는 국가 하천이다. 밀물에 의한 해수유입 시 유입지점에서 시료채취 후 COD 분석을 하고자 하며, 이때 일반 하천에서의 COD 분석법과는 다른 분석방법을 적용하여야 한다. 어떤 분석방법을 선택해야 하며, 시료 중 어떤 물질 때문에 이러한 분석법을 선택해야 하나?
	3. 수질오염공정시험기준에 명시된 총질소 분석방법의 종류에는 무엇이 있는가?
	4. 하천수의 총인(자외선/가시선분광법), 총질소[자외선/가시선분광법(산화법)]를 분석하고자 한다. 전처리와 분석과정에서의 차이점과 공통점을 3가지 이상 설명하시오.
측정분석의 전문성Ⅲ [정도관리]	1. 분석 장비의 성능을 평가할 수 있는 요인을 아는 대로 열거하시오.
	2. 흡광광도법의 원리 및 흡광광도법을 이용한 환경시료 분석방법에 대해 간단히 서술하시오.
	3. 실험실의 안전장비에 대해 열거하시오.
	4. 실험 분석결과의 정확도와 정밀도의 차이를 설명하시오.

01 측정분석의 전문성 Ⅰ [시료채취]

1. 하천수의 시료채수에 대해 아는 대로 열거하시오.

> (1) 하천본류와 지류가 합류 시 채취지점
> (2) 하천단면에서 채취지점

풀이 **1. 하천본류와 지류가 합류 시 채취지점**

하천수의 오염 및 용수의 목적에 따라 채수지점을 선정하며 하천본류와 하전지류가 합류하는 경우에는 합류이전의 각 지점과 합류 이후 충분히 혼합된 지점에서 각각 채수한다.

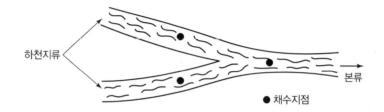

2. 하천단면에서 채취지점

하천의 단면에서 수심이 가장 깊은 수면의 지점과 그 지점을 중심으로 하여 좌우로 수면폭을 2등분한 각각의 지점의 수면으로 부터 수심 2 m 미만일 때에는 수심의 1/3에서, 수심이 2 m 이상일 때에는 수심의 1/3 및 2/3에서 각각 채수한다.

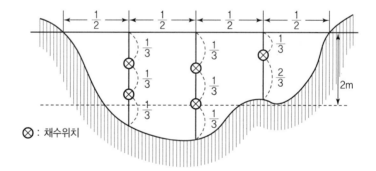

2. 시료를 채취하여 보존하는 경우 현장에서 즉시 측정해야 할 항목과 최대 48시간 안에 측정해야 할 항목을 아는 대로 열거하시오.

풀이 1. 현장에서 즉시 측정해야 할 항목 : 온도, pH(수소이온농도), 용존산소(전극법)
　　　2. 최대 48시간 안에 측정해야 할 항목
　　　　① 현장즉시 측정항목
　　　　② 일반항목 : 냄새, 색도, 탁도, BOD 등
　　　　③ 이온류 : 아질산성 질소, ABS, 인산염인, 질산성 질소
　　　　④ 금속류 : 6가 크롬
　　　　⑤ 유기물질 : 다이에틸헥실프탈레이트
　　　　⑥ 생물 : 총대장균, 분원성대장균, 대장균, 물벼룩 급성 독성

3. 하천수에서의 수질기준을 BOD에서 TOC로 전환하기 위해 1년간 수질 모니터링을 실시하고자 한다. 이때 주요하천에서의 수질조사지점을 결정하는 데 고려되어야 하는 사항을 3가지 이상 열거하고 이유를 설명하시오.

풀이 수질조사지점 결정 시 고려사항
　　　① 대표성 : 그 물의 성질을 대표할 수 있는 지점
　　　② 유량측정 : 배출량 계산
　　　③ 접근 가능성 : 시료는 2 L 이상 필요하고, 일과시간에 많은 지점에서 채취해야 하므로 접근이 용이해야 함
　　　④ 안전성 : 날씨가 나쁘거나 유량이 많을 경우 위험하므로 안전을 고려한 지점이어야 함
　　　⑤ 방해되는 영향 : 조사지점의 상류나 하류의 수질에 영향을 주는 요소가 있으면 대표성 확보 불가능

4. 총질소와 질산성 질소, 총인과 인산염인 시료를 분석하기 위해 시료를 폴리에틸렌 통에 2 L 채취하였다. 그러나 바로 측정이 불가하여 불가피하게 시료를 보관하여야 한다. 적당한 보관 방법을 설명하시오.

풀이 총인, 인산염인, 총질소 분석용 시료는 황산을 이용 pH 2 이하로 하여 4 ℃ 냉장 보관한다. 그러나 질산성 질소 분석용 시료는 보존제 없이 4 ℃ 냉장 보관해야 한다. 따라서 시료를 2 L 채취하였으므로 시료를 잘 혼합한 후에 시료를 분할하여 질산성 질소 분석용 시료와 총인, 인산염인, 총질소 분석용 시료로 분리하여 보관해야 한다.

항목	보존방법	최대보존기간 (권장보존기간)
질산성 질소	4 ℃ 보관	48시간
총인(용존 총인)	4 ℃ 보관, H_2SO_4로 pH 2 이하	28일
총질소(용존 총질소)	4 ℃ 보관, H_2SO_4로 pH 2 이하	28일(7일)

02 측정분석의 이해도 Ⅱ [시료분석]

1. 흡광광도법(아스코르빈산 환원법)으로 총인을 측정할 때 측정원리에 대해 간단히 서술하시오.

풀이 유기물화합물 형태의 인을 산화 분해하여 모든 인 화합물을 인산염 (PO_4^{3-}) 형태로 변화시킨 다음 몰리브덴산암모늄과 반응하여 생성된 몰리브덴산인암모늄을 아스코르빈산으로 환원하여 생성된 몰리브덴산의 흡광도를 880 nm에서 측정하여 총인의 양을 정량하는 방법이다.

2. 경인 아라천은 해수 : 담수의 비율이 2 : 1로 관리되고 있는 국가 하천이다. 밀물에 의한 해수 유입 시 유입지점에서 시료채취 후 COD 분석을 하고자 하며, 이때 일반 하천에서의 COD 분석법과는 다른 분석방법을 적용하여야 한다. 어떤 분석방법을 선택해야 하며, 시료 중 어떤 물질 때문에 이러한 분석법을 선택해야 하나?

풀이 1. 적용 가능한 분석방법 : 화학적 산소요구량 – 적정법 – 알칼리성 과망간산칼륨법

2. 분석방법 선택 이유 : 해수의 영향으로 염소이온의 농도가 2,000 mg/L 이상이다. 이러한 경우에는 일반 하천의 COD 분석에 적용하는 산성 과망간산칼륨법을 적용할 수 없다. 따라서 염소이온의 농도가 2,000 mg/L 이상인 하수 및 해수 시료에 해당하므로 알칼리성 과망간산칼륨법을 적용한다.

3. 수질오염공정시험기준에 명시된 총질소 분석방법의 종류에는 무엇이 있는가?

풀이 적용 가능한 총질소 시험방법

총질소	정량한계 (mg/L)
자외선/가시선 분광법(산화법)	0.1 mg/L
자외선/가시선 분광법(카드뮴 – 구리 환원법)	0.004 mg/L
자외선/가시선 분광법(환원증류 – 킬달법)	0.02 mg/L
연속흐름법	0.06 mg/L

4. 하천수의 총인(자외선/가시선분광법), 총질소[자외선/가시선분광법(산화법)]를 분석하고자
한다. 전처리와 분석과정에서의 차이점과 공통점을 3가지 이상 설명하시오.

(풀이) 1. 공통점
　　(1) 전처리
　　　　① 분석대상 화합물과 유기물을 과황산칼륨 용액으로 분해한다.
　　　　② 분해 시 고압멸균기를 사용하며 120 ℃에서 30분간 분해한다.

　　(2) 분석과정
　　　　① 전처리된 시료용액을 여과하여 25 mL를 분취하여 사용한다.
　　　　② 시험용액은 모두 산성 상태에서 측정한다.
　　　　③ 측정 흡수셀은 10 mm 흡수셀을 사용한다.
　　　　④ 측정은 자외선/가시선 분광광도계로 측정한다.

　2. 차이점
　　(1) 전처리
　　　　• 분해시약 : 총인은 과황산칼륨 용액(4 %)이나, 총질소는 알칼리성과황산칼륨 용액(3 %)
　　　　　사용으로 총질소의 분해시약은 pH가 알칼리성이다.

　　(2) 분석과정
　　　　① 측정 화학종 : 총인은 분석대상물질과 다른 몰리브덴산의 흡광도를 측정한다. 그러나
　　　　　총질소는 분석대상 물질의 종류인 질산이온의 흡광도를 측정한다.
　　　　② 발색과정 : 총인은 20 ~ 40 ℃에서 15분간 방치 시간이 필요하다. 그러나 총질소는 별
　　　　　도의 방치 시간이 없다.
　　　　③ 흡수셀의 재질 : 총인의 측정 파장은 880 nm 또는 710 nm로 석영 또는 유리재질의 흡
　　　　　수셀 사용이 가능하나, 총질소는 측정파장이 220 nm로, 370 nm 이하 파장이므로 반드
　　　　　시 석영재질의 흡수셀을 사용해야 한다.

03 측정분석의 전문성 Ⅲ[정도관리]

1. 분석 장비의 성능을 평가할 수 있는 요인을 아는 대로 열거하시오.

(풀이) 1. 평가기준
① 장비 자체 평가기준 : 분석 장비의 평가 기준은 해당 장비 제조사가 제시한 성능 평가 자료를 기준으로 한다.
② 공정시험기준 만족 평가 기준 : 공정시험기준에서 제시하는 정도관리목표기준 또는 성능기준[자동측정기]

2. 평가방법
① 분석자에 의한 평가 : 해당 분석 장비를 이용하여 검출한계, 정량한계, 정확도, 정밀도를 측정하여 도출된 결과 값이 장비 제조사에서 제시한 성능을 만족하는지 확인하는 것과 공정시험기준에서 제시하는 정도관리목표 값을 만족하는지 확인하여 평가
② 교정기관에 의한 평가 : 공인 교정기관에 의해 평가된 검 · 교정 결과로 평가
③ 제조사에 의한 평가 : 제조사 엔지니어에 의한 성능 점검으로 평가

2. 흡광광도법의 원리 및 흡광광도법을 이용한 환경시료 분석방법에 대해 간단히 서술하시오.

(풀이) 1. 원리 : 자외선/가시선 분광법(흡광광도법)은 일반적으로 광원으로 나오는 빛을 단색화장치(Monochrometer)에 의하여 좁은 파장범위의 빛만을 선택하여 용액층을 통과시킨 다음 광전측광으로 흡광도를 측정하여 목적 성분의 농도를 정량하는 방법으로 램버트-비어(Lambert=Beer)의 법칙에 따른다.
램버트-비어 법칙은 용액의 농도와 흡광도는 비례한다는 원리이며,
흡광도 $A = \varepsilon c l$로 나타낼 수 있다. 여기서,
c : 농도
l : 빛의 투과거리
ε : 비례상수로서 흡광계수라 하고, $c = 1$ mol, $l = 10$ mm일 때의 ε의 값을 몰흡광계수라 하며 K로 표시한다.

2. 환경시료 분석방법
이 시험방법은 빛이 시료용액 층을 통과할 때 흡수나 산란 등에 의하여 강도가 변화하는 것을 이용하는 것으로서 시료물질의 용액 또는 여기에 적당한 시약을 넣어 발색(發色)시킨 용액의 흡광도를 측정하여 시료 중의 목적성분을 정량하는 방법으로 파장 200 ~ 900 nm에서의 액체의 흡광도를 측정함으로써 수중의 각종 오염물질 분석에 적용한다.

3. 실험실의 안전장비에 대해 열거하시오.

풀이 실험실 안전장비의 종류
① 흄 후드
② 화학물질 저장 캐비닛
③ 아이워시(eyewash)
④ 마스크
⑤ 비상샤워장치
⑥ 장갑 및 가운
⑦ 소방안전설비 및 소화기

4. 실험 분석결과의 정확도와 정밀도의 차이를 설명하시오.

풀이 1. 정밀도(precision)
① 정의 : 시험분석 결과의 반복성을 나타낸다.
② 측정 및 계산 : 반복 시험하여 얻은 결과를 상대표준편차(RSD, relative standard deviation)로 나타내며, 연속적으로 n회 측정한 결과의 평균값($\overline{x}$)과 표준편차(s)로 구한다. 공정시험기준에서는 정량한계 농도의 2배 ~ 10배 또는 검정곡선의 중간농도가 되도록 동일하게 표준물질을 첨가한 시료를 4개 이상 준비하여, 분석절차와 동일하게 측정하여 평균값과 표준편차를 구하도록 하고 있다.

$$정밀도 \text{ (\%)} = \frac{s}{x} \times 100$$

2. 정확도(accuracy)
① 정의 : 시험분석 결과가 참값에 얼마나 근접하는가를 나타낸다.

② 측정 및 계산
㉠ 동일한 매질의 인증시료를 확보할 수 있는 경우 : 표준절차서(SOP)에 따라 인증표준물질을 분석한 결과값(C_M)과 인증값(C_C)과의 상대백분율로 구한다.
㉡ 인증시료를 확보할 수 없는 경우 : 해당 표준물질을 첨가하여 시료를 분석한 분석값(C_{AM})과 첨가하지 않은 시료의 분석값(C_S)과의 차이를 첨가 농도(C_A)의 상대백분율 또는 회수율로 구한다. 공정시험기준에서는 정밀도 시험과 동일하게 시료를 준비하여 측정한 후에 회수율을 계산한다.

$$정확도 \text{ (\%)} = \frac{C_M}{C_C} \times 100 = \frac{C_{AM} - C_S}{C_A} \times 100$$

3. 차이점

① 정밀도는 시험결과의 반복성 즉 재현성을 나타내므로 분석결과가 참값에서 거리가 먼 경우도 생길 수 있다. 따라서 정밀도가 좋다고 반드시 정확도가 높다고 볼 수는 없다.

② 반면에 정확도는 재현성보다는 결과 값이 참값에 얼마나 근접한가를 다루기 때문에 비록 정밀도는 나쁜 값을 나타내어도 경우에 따라서는 정확도가 높을 수도 있다.

③ 따라서 **시험 · 분석에서는 정확도와 정밀도 모두 좋은 값을 나타내어야 이상적**이라고 할 수 있다.

···02 수질분야 중금속

출제 범위	출제 문제
측정분석의 전문성 I [시료채취]	1. 수질오염공정시험 기준상에 퇴적물 측정망의 퇴적물 채취 및 금속 분석용 시료를 조제하기 위한 방법으로, 수면 아래 퇴적물을 (①) 점 채취하여 혼합한 다음 (②) 재질로 제작된 체(체눈 크기 (③) mm)로 거른다. 체를 통과한 퇴적물, 체거름에 사용한 물을 취하여, 건조시킨 후 (④) mm 미만으로 분쇄하여 분석용 시료로 한다.
	2. 냄새 측정을 위한 시료채취 시 주의사항에 대하여 설명하시오.
	3. 시안 분석용 시료에 산화제가 공존할 경우에는 시안을 파괴할 수 있다. 방지방법에 대하여 설명하시오.
	4. 기기검출한계(IDL, instrument detection limit)에 대하여 설명하시오.
측정분석의 이해도 II [시료분석]	1. 다음 시료의 전처리에 적합한 산분해법을 설명하시오.
	2. 다음 용매추출법에 의한 시료의 전처리에 대한 설명을 완성하시오. 이 방법은 (①)법을 이용한 분석 시 목적성분의 농도가 (②)이거나 측정을 방해하는 성분이 공존할 경우 시료의 (③) 또는 방해물질을 제거하기 위한 목적으로 사용되며, 이 방법으로 시료를 전처리 한 경우에는 따로 규정이 없는 한 검정곡선 작성용 (④)도 적당한 농도로 조제하여 시료와 같은 방법으로 처리하여 시험한다.
	3. 원자흡수분광광도법에 의한 비소의 정량에는 수소화물발생장치가 사용된다. 지금 실험실 내 시판된 수소화물발생장치가 없어서 실험실 내 기구 및 기구를 이용하여 수소화물발생장치를 만들어 사용하여야 한다. 수소화물발생장치를 그림으로 그려 설명하시오.
	4. 원자흡수분광광도법에 의한 6가 크롬의 정량 시 폐수에 반응성이 큰 다른 금속 이온이 존재할 경우 방해의 영향을 줄일 수 있는 방법에 대하여 설명하시오.
측정분석의 전문성 III [정도관리]	1. 정도평가(quality assessment)는 내부정도평가와 외부정도평가로 구분되는데 각각의 특징에 대하여 간략하게 기술하시오.
	2. 표준물 첨가법은 시료의 조성이 잘 알려져 있지 않거나 복잡하여 분석신호에 영향을 줄 때 효과적이다. 매질(매트릭스, matrix)은 분석신호의 크기에 영향을 준다. 매질효과 (matrix effect)란 무엇인지에 대하여 설명하시오.
	3. 검정곡선법(external standard method)은 시료의 농도와 지시값과의 상관성을 검정곡선식에 대입하여 작성하는 방법이다. 검정곡선을 작성한 후에 실시하는 검정곡선의 검증방법에 대하여 설명하시오.
	4. 식수에 든 어떤 중금속이 허용농도 미만이라는 것을 증명하여야 하는 경우가 있다. 식수의 경우에는 가양성(false positive) 비율보다 가음성(false negative) 비율을 줄이는 것이 중요하다. 가양성과 가음성에 대하여 설명하시오.

01 측정분석의 전문성 I [시료채취]

1. 수질오염공정시험 기준상에 퇴적물 측정망의 퇴적물 채취 및 금속 분석용 시료를 조제하기 위한 방법으로, 수면 아래 퇴적물을 (①) 점 채취하여 혼합한 다음 (②) 재질로 제작된 체(체눈 크기 (③) mm)로 거른다. 체를 통과한 퇴적물, 체거름에 사용한 물을 취하여, 건조시킨 후 (④) mm 미만으로 분쇄하여 분석용 시료로 한다.

> **풀이** 수면 아래 퇴적물을 (여러) 점 채취하여 혼합한 다음 (비금속) 재질로 제작된 체(체눈 크기 (0.15) mm)로 거른다. 체를 통과한 퇴적물, 체거름에 사용한 물을 취하여, 건조시킨 후 (0.063) mm 미만으로 분쇄하여 분석용 시료로 한다.

2. 냄새 측정을 위한 시료채취 시 주의사항에 대하여 설명하시오.

> **풀이** 냄새 측정을 위한 시료채취 시 주의사항
> 1. 운반 중 공기와의 접촉이 없도록 시료 용기에 가득 채운 후 빠르게 뚜껑을 닫는다.
> 2. 유리기구류는 사용 직전에 새로 세척하여 사용한다. 먼저 냄새 없는 세제로 닦은 후 정제수로 닦아 사용하고, 고무 또는 플라스틱 재질의 마개는 사용하지 않는다.

3. 시안 분석용 시료에 산화제가 공존할 경우에는 시안을 파괴할 수 있다. 방지방법에 대하여 설명하시오.

> **풀이** 시안 분석용 시료에 산화제가 공존할 경우에는 시안을 파괴할 수 있으므로 채수 즉시 이산화비소 산나트륨 또는 티오황산나트륨을 시료 1 L당 0.6 g을 첨가한다.

4. 기기검출한계(IDL, instrument detection limit)에 대하여 설명하시오.

> **풀이** ① 기기검출한계는 분석기기에 직접 시료를 주입할 때 검출 가능한 최소량이다.
> ② 기기검출한계는 일반적으로 S/N(signal/noise)비의 2배 ~ 5배 농도, 또는 바탕시료에 대한 반복 시험·검사한 결과의 표준 편차의 3배에 해당하는 농도로 하거나, 분석장비 제조사에서 제시한 검출한계값을 기기검출한계로 사용할 수 있다.

02 측정분석의 이해도 Ⅱ [시료분석]

1. 다음 시료의 전처리에 적합한 산분해법을 설명하시오.

> 풀이 시료의 성상에 따라 적용 전처리 방법(산분해법, 마이크로웨이브 산분해법, 회화법 등)이 다르나 대표적인 시료의 성상별 전처리방법은 산분해법이다.
> ① 질산법 : 유기물함량이 비교적 높지 않은 시료의 전처리에 적용한다.
> ② 질산 – 염산법 : 유기물 함량이 비교적 높지 않고 금속의 수산화물, 산화물, 인산염 및 황화물을 함유하고 있는 시료에 적용. 휘발성 또는 난용성 염화물을 생성하는 금속 물질의 분석에는 주의한다.
> ③ 질산 – 황산법 : 유기물 등을 많이 함유하고 있는 대부분의 시료에 적용. 그러나 칼슘, 바륨, 납 등을 다량 함유한 시료는 난용성의 황산염을 생성하여 다른 금속성분을 흡착하므로 주의한다.
> ④ 질산 – 과염소산법 : 유기물을 다량 함유하고 있으면서 산분해가 어려운 시료에 적용한다.
> ⑤ 질산 – 과염소산 – 불화수소산 : 다량의 점토질 또는 규산염을 함유한 시료에 적용한다.

2. 다음 용매추출법에 의한 시료의 전처리에 대한 설명을 완성하시오.

> 이 방법은 (①)법을 이용한 분석 시 목적성분의 농도가 (②)이거나 측정을 방해하는 성분이 공존할 경우 시료의 (③) 또는 방해물질을 제거하기 위한 목적으로 사용되며, 이 방법으로 시료를 전처리한 경우에는 따로 규정이 없는 한 검정곡선 작성용 (④)도 적당한 농도로 조제하여 시료와 같은 방법으로 처리하여 시험한다.

> 풀이 이 방법은 (원자흡수분광광도법)을 사용한 분석 시 목적성분의 농도가 (미량)이거나 측정을 방해하는 성분이 공존할 경우 시료의 (농축) 또는 방해물질을 제거하기 위한 목적으로 사용되며, 이 방법으로 시료를 전처리한 경우에는 따로 규정이 없는 한 검정곡선 작성용 (표준용액)도 적당한 농도로 조제하여 시료와 같은 방법으로 처리하여 시험한다.

3. 원자흡수분광광도법에 의한 비소의 정량에는 수소화물발생장치가 사용된다. 지금 실험실 내 시판된 수소화물발생장치가 없어서 실험실 내 기구 및 기구를 이용하여 수소화물발생장치를 만들어 사용하여야 한다. 수소화물발생장치를 그림으로 그려 설명하시오.

풀이 1. 원자흡수분광광도계를 위한 수소화비소 발생장치 제작 방법

실험실에 있는 비커 또는 삼각플라스크의 입구를 고무마개로 막고 가스를 통기할 수 있도록 유리관을 설치하고, 시약을 주입할 수 있도록 아래 그림과 같이 만들어 AAS의 비소 측정용 셀에 연결한다.

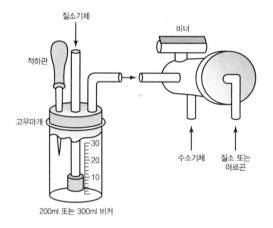

2. 장치사용방법

① 전처리한 시료를 수소화 발생장치의 반응용기에 옮기고 요오드화칼륨용액 5 mL를 넣어 흔들어 섞고 약 30분간 방치하여 시료용액으로 한다.

② 수소화 발생장치를 원자흡수분광분석장치에 연결하고 전체 흐름 내부에 있는 공기를 아르곤가스로 치환시킨다.

③ 아연분말 약 3 g 또는 나트륨붕소수소화물(1 %) 용액 15 mL를 신속히 반응용기에 넣고 자석교반기로 교반하여 수소화비소를 발생시켜 AAS로 측정한다.

4. 원자흡수분광광도법에 의한 6가 크롬의 정량 시 폐수에 반응성이 큰 다른 금속 이온이 존재할 경우 방해의 영향을 줄일 수 있는 방법에 대하여 설명하시오.

풀이 6가 크롬 분석용 폐수에 반응성이 큰 다른 금속 이온이 존재할 경우 방해 영향이 크므로, 이 경우에는 황산나트륨 1 %를 첨가하여 측정한다.

03 측정분석의 전문성 Ⅲ[정도관리]

1. 정도평가(quality assessment)는 내부정도평가와 외부정도평가로 구분되는데 각각의 특징에 대하여 간략하게 기술하시오.

> **풀이**
> 1. 내부정도평가 : 내부표준물질, 분할시료(split sample), 첨가시료(spiked sample), 혼합시료 등을 이용해 측정시스템(시료채취, 측정절차 등)에서 재현성을 평가하는 것이 주목적이며 동일시료를 나누어 사용(분할시료)함으로써 분석방법의 정밀도, 정확성을 알 수 있다.
> 2. 외부정도평가 : 공동 시험·검사에의 참여, 동일 시료의 교환측정, 외부 제공 표준물질의 분석 등으로 측정의 정확도를 확인할 수 있다.

2. 표준물 첨가법은 시료의 조성이 잘 알려져 있지 않거나 복잡하여 분석신호에 영향을 줄 때 효과적이다. 매질(매트릭스, matrix)은 분석신호의 크기에 영향을 준다. 매질효과(matrix effect)란 무엇인지에 대하여 설명하시오.

> **풀이**
> 시료를 둘러싸고 수반되는 물질(공존물질)의 성분의 조성이나 결정구조 등이 시료 성분의 분석에 영향을 주는 현상을 말한다. 이러한 현상은 측정파장보다는 측정강도에 영향을 주므로 분광학적인 분석에서 매질이 복잡한 경우에는 반드시 매질효과를 고려해야 한다. 이러한 매질효과를 보정하는 검정곡선방법이 표준물첨가법이다. 표준물첨가법(standard addition method)은 시료와 동일한 매질에 일정량의 표준물질을 첨가하여 검정곡선을 작성하는 방법으로써, 매질효과가 큰 시험 분석 방법에서 분석 대상 시료와 동일한 매질의 표준시료를 확보하지 못한 경우에 매질효과를 보정하여 분석할 수 있는 방법이다.

3. 검정곡선법(external standard method)은 시료의 농도와 지시값과의 상관성을 검정곡선식에 대입하여 작성하는 방법이다. 검정곡선을 작성한 후에 실시하는 검정곡선의 검증방법에 대하여 설명하시오.

> **풀이**
> 검정곡선의 작성 및 검증 방법
> 1. 검정곡선의 결정계수(R^2)가 0.98 이상 또는 감응계수(RF)의 상대표준편차가 20 % 이내(또는 정도관리 목표값 이내)이어야 하며 결정계수나 상대표준편차가 허용범위를 벗어나면 재작성한다.
> 2. 검정곡선의 감응계수를 검증하기 위하여 각 시료군마다 1회의 검정곡선 검증을 실시한다. 검증은 검정곡선의 중간 농도값을 갖는 표준용액의 농도를 측정한다. 측정된 농도값과 표준용액의 농도값 간의 차이가 20 % 이내(또는 정도관리 목표값 이내)에서 일치하여야 한다. 만약 이 범위를 넘는 경우, 검정곡선을 재작성한다.
> 3. 연속교정표준물질(CCS)로 검증 : 10개의 시료를 분석한 후에 연속교정표준물질(CCS)로 검정곡선을 검증하며, 검증값은 5% 이내이다.

4. 교정검증표준물질(CVS)로 검증 : 검정곡선을 교정검증표준물질(CVS)로 검증하여 그 결과가 10 % 이내면 분석을 계속한다.

5. CCS, CVS의 허용 범위 내 확인 : CCS 혹은 CVS가 허용 범위에 들지 못했을 경우, 분석을 멈추고, 다시 새로운 초기 교정을 실시한다.

4. 식수에 든 어떤 중금속이 허용농도 미만이라는 것을 증명하여야 하는 경우가 있다. 식수의 경우에는 가양성(false positive) 비율보다 가음성(false negative) 비율을 줄이는 것이 중요하다. 가양성과 가음성에 대하여 설명하시오.

풀이 1. 가양성(false positive) : 실제 농도는 그 허용치 미만이지만 측정농도가 허용치를 초과하는 것을 말한다.

2. 가음성(false negative) : 실제 농도는 그 허용치를 초과하지만 측정농도가 허용치 미만인 것을 말한다.

···03 수질분야 유기물질

출제범위	출제문제
측정분석의 전문성 Ⅰ [시료채취]	1. 1,4-다이옥산 분석용 수질 시료의 보존방법과 분석시점까지의 보관기간에 대해 설명하시오.(용매를 추출했을 경우 추출시료의 보관 기간 포함)
	2. 다이에틸헥실프탈레이트 분석을 위하여 잔류염소가 공존하는 시료를 4 L 갈색 유리병에 채수하려고 한다. 시료의 보존을 위하여 채수병에 첨가하여야 할 시약 및 그 양은 얼마인지 설명하시오.
	3. GC 분석 시 capillary column을 선정할 때 시료에 따라 고정상을 선택하는 기준에 대해 설명하시오.
	4. GC에서 사용하는 검출기의 종류와 특징에 대해 3가지만 설명하시오.
측정분석의 이해도 Ⅱ [시료분석]	1. 휘발성유기화합물 분석에서 일반적인 주의사항을 설명하시오.
	2. 물에 존재하는 다이에틸헥실프탈레이트 분석 시 유리나 폴리테트라플루오로에틸렌(PTFE)재질이 아닌 플라스틱 기구나 기기의 사용을 피해야 하는 이유를 설명하시오.
	3. 본인이 수행한 실험에 대해 종합적으로 고찰하시오. (시료준비, 표준용액 준비, 시료전처리, 검정곡선, 기기분석 등)
	4. 검량곡선 작성 시 내부표준법의 장점 및 surrogate 물질을 사용하는 이유에 대해 설명하시오.
측정분석의 전문성 Ⅲ [정도관리]	1. 다음 예시에서 방법상 검출한계와 정량한계의 정의와 계산 과정에 대해 설명하시오. 정량한계 부근의 농도를 포함하도록 7점의 시료를 반복 측정하여 얻은 결과의 표준편차 (s)가 1이다. 99% 신뢰도에서 t-분포값이 자유도 6일 때 3, 자유도 7일 때 4로 가정한다면 이때 방법상 검출한계와 정량한계를 계산하시오. 이때 농도단위는 mg/L이다.
	2. 다음 용어에 대해 그 차이점을 간략히 설명하시오. 크로마토그래프법, 크로마토그래프, 크로마토그램
	3. 본인이 수행한 유기물질 분석업무에 대해 경험을 이야기하시오.
	4. 환경에 대한 인식이 높아짐으로써 분석해야 할 시료수가 증가하고 있다. 환경분석사로서 대처 방법은?

01 측정분석의 전문성 Ⅰ [시료채취]

1. 1,4 – 다이옥산 분석용 수질 시료의 보존방법과 분석시점까지의 보관기간에 대해 설명하시오.(용매를 추출했을 경우 추출시료의 보관기간 포함)

풀이 1. 보존방법 : 시료 1 L당 염화암모늄 10 mg과 염산(1 + 1) 또는 황산(1 + 5)을 2 ~ 3방울을 가하여 pH 2로 조절하고 4 ℃ 냉암소에서 보관한다.
2. 공정시험기준에는 '모든 시료는 채취 후 14일 이내 분석해야 한다.'라고 규정되어 있다. 그러나 추출시료에 대한 보관기간은 규정하고 있지 않다.

2. 다이에틸헥실프탈레이트 분석을 위하여 잔류염소가 공존하는 시료를 4 L 갈색 유리병에 채수하려고 한다. 시료의 보존을 위하여 채수병에 첨가하여야 할 시약 및 그 양은 얼마인지 설명하시오.

풀이 1. 첨가시약 : 다이에틸헥실프탈레이트 분석용 시료에 잔류염소가 공존할 경우 시료 1 L당 티오황산나트륨을 80 mg 첨가한다.
2. 첨가량 : 시료량이 4 L이므로 첨가할 티오황산나트륨의 양은 320 mg이다.

$$티오황산나트륨의 양 = 80 \text{ mg} \times 4 = 320 \text{ mg}$$

3. GC 분석 시 capillary column을 선정할 때 시료에 따라 고정상을 선택하는 기준에 대해 설명하시오.

풀이 1. 극성에 따른 선택
이 방법은 크로마토그래프의 분리가 친화성에 바탕을 둔 것에 기초한다. 즉 분석하고자 하는 화학물의 극성과 컬럼의 고정상의 극성이 비슷한 것을 선택하여 분리가 잘 되도록 하는 방법이다. 대개는 극성인 화합물은 극성의 고정상을, 비극성의 화합물은 비극성 고정상을 선택하여 분석한다.

2. 화학적인 유사성에 따른 선택
이 방법은 분석 대상 화학물질의 끓는점, 극성이 비슷한 경우에 사용할 수 있다. 이러한 경우에는 분석대상 화학물질과 고정상의 화학적인 구조의 유사성으로 분리할 수 있다. 즉 벤젠, 톨루엔, 에틸벤젠, 자일렌과 같은 방향족 화합물과 사이클로헥산과 같은 고리화합물 분리가 그 좋은 예이다. 방향족화합물의 분자의 구조가 방향족을 가지므로 고정상이 방향족인 페닐기를 가지는 5 % – 페닐 – 메틸폴리실록산([5 % – phenyl] – methylpolysiloxane)이 효과적이다. 그러나 사이클로헥산은 단순히 고리형태의 탄화수소(기름)이므로 불포화탄화수소인 스쿠알렌(Squalene) 고정상이 효과적이다.

3. 기타 : 머무름지표, 맥레이놀즈 상수를 이용하는 방법이 있다.

그런데 대부분의 환경시료분석은 시험자가 공정시험기준에서 제시하는 고정상에 해당하는 컬럼을 사용하거나 컬럼 제조사에서 추천하는 컬럼을 사용하면 편리하다.

4. GC에서 사용하는 검출기의 종류와 특징에 대해 3가지만 설명하시오.

풀이　1. 열전도도 검출기(Thermal Conductivity Detector, TCD)

① 열전도도 검출기는 휘스톤브리지(Wheastone bridge) 원리를 이용한 것으로 물질별 열전도도 차이를 이용한다.

② 범용 검출기이며 일반적으로 가스 분석에 사용되고, 시료를 파괴하지 않는 장점이 있다.

2. 불꽃이온화 검출기(Flame Ionization Detector, FID)

① 불꽃이온화 검출기는 수소와 공기에 의해 형성된 불꽃에 시료가 연소되면서 전하를 띤 이온이 생성되며, 생성된 이온에 의해 전류가 흐르게 되는데 이 전류의 변화를 측정하는 방법이다.

② 일반적으로 연소가 잘되는 탄화수소류 분석에 사용된다.

3. 전자포획형 검출기(Electron Capture Detector, ECD)

① 전자포획형 검출기는 방사선 동위원소(^{63}Ni)로부터 방출되는 β선이 운반가스를 전리하여 미소전류를 흘려보낼 때 시료 중의 할로겐이나 산소와 같이 전자포획력이 강한 화합물에 의하여 전자가 포획되어 전류가 감소하는 것을 이용하는 방법이다.

② 일반적으로 전기음성도가 높아 전자포획력이 강한 유기할로겐화합물, 니트로화합물 및 유기금속화합물을 선택적으로 검출할 수 있다.

4. 불꽃광도형 검출기(Flame Photometric Detector, FPD)

① 불꽃광도형 검출기는 수소염에 의하여 시료성분을 연소시키고 이때 발생하는 불꽃의 광도를 분광학적으로 측정하는 방법이다.

② 일반적으로 인 또는 황화합물을 선택적으로 검출할 수 있다.

5. 질소인 검출기(Nitrogen Phosphorus Detector, NPD)

① 질소나 인이 불꽃 또는 열에서 생성된 이온이 루비듐염과 반응하여 전자를 전달하며 이때 흐르는 전자가 포착되어 전류의 흐름으로 바꾸어 측정하는 방법이다.

② 일반적으로 유기인화합물 및 유기질소화합물을 선택적으로 검출할 수 있다.

02 측정분석의 이해도 II [시료분석]

1. 휘발성유기화합물 분석에서 일반적인 주의사항을 설명하시오.

[풀이] 휘발성유기화합물의 미량분석에서는 유리기구, 정제수 및 분석기기의 오염을 방지하는 것이 중요하다. 정제수는 공기 중의 휘발성유기화합물에 의하여 쉽게 오염되므로 바탕실험을 통해 오염여부를 잘 평가해야 한다. 휘발성유기화합물은 잔류농약 분석과 같이 용매를 많이 사용하는 실험실에서 분석하는 경우 오염이 발생하므로 분리된 다른 장소에서 하는 것이 원칙이다. 또한 사용하는 용매의 증기를 배출시킬 수 있는 환기시설(후드) 등이 갖추어져 있어야 한다.

2. 물에 존재하는 다이에틸헥실프탈레이트 분석 시 유리나 폴리데트라플루오로에틸렌(PTFE) 재질이 아닌 플라스틱 기구나 기기의 사용을 피해야 하는 이유를 설명하시오.

[풀이] 다이에틸헥실프탈레이트(DEHP)는 플라스틱 제조 시 플라스틱을 부드럽게 하는 가소제로 사용되는 첨가제이다. 따라서 플라스틱 재질로 만들어진 기구나 기기는 프탈레이트를 함유하고 있을 수 있으며, 이들 성분은 DEHP 시험에 영향을 줄 수 있기 때문에 플라스틱 재질의 기기와 기구의 사용을 피해야 한다.

프탈레이트계 가소제로는 다이에틸헥실프탈레이트(DEHP), 다이뷰틸프탈레이트(DBP), 뷰틸벤질프탈레이트(BBP), 폴리에틸렌테레프탈레이트(PET) 등이 있다. 그러나 현재 이들은 국제적으로 환경호로몬(내분비계장애물질)으로 판명되어 사용 금지하고 있으며, 우리나라는 2006년부터 모든 플라스틱 재질 제품에 DEHP, DBP, BBP 사용을 금지하고 있다.

3. 본인이 수행한 실험에 대해 종합적으로 고찰하시오
(시료준비, 표준용액 준비, 시료전처리, 검정곡선, 기기분석 등)

[풀이] ① 시료준비 : 시료준비 과정은 사용기구, 표준용액 첨가 등 시료 조제 관련 수행과정을 상세히 기술한다.
② 표준용액 준비 : 표준용액 조제 과정을 단계별로 상세히 기술한다.
③ 시료전처리 : 용매추출법을 이용한 전처리 과정을 기술한다.
④ 기기분석 : 기기 분석조건, 측정방법을 기술한다.

⑤ 계산 및 평가과정
㉠ 농도 계산 관련 식 및 계산방법을 기술한다.
㉡ 평가과정 : 각 과정별 발생 가능한 오차 요인을 정도관리 목표와 비교하여 기술한다.

4. 검량곡선 작성 시 내부표준법의 장점 및 surrogate 물질을 사용하는 이유에 대해 설명하시오.

풀이 1. 내부표준법의 장점

내부표준법은 분석 장비의 손실/오염, 시료 보관 중의 손실/오염, 분석 결과를 보정하고 정량을 위해 사용한다. 내부표준물질은 측정분석 직전에 바탕시료, 검정곡선용 표준물질, 시료 또는 시료추출물질에 첨가하며, 내부표준물질의 머무름시간은 모든 분석대상물질과 분리되어야 한다.

2. surrogate 물질을 사용하는 이유

surrogate 물질을 '대체표준물질'이라고 한다. 대체표준물질의 사용으로 시험방법의 효율과 시료의 전처리부터 추출, 분석에 이르기까지 전 과정을 평가할 수 있다.

※ 대체표준물질(surrogate)

① 분석대상물질을 추출(전처리)하기 전에 각각의 환경시료와 바탕시료에 첨가되는 농도를 알고 있는 화합물이다.

② 대상 분석물질과 물리 · 화학적으로 유사한 특성을 가지며, 일반 환경에서 발견되지 않는 물질을 사용한다.

③ 분석대상물질과 머무름시간(retention time)이 분리되어야 한다.

03 측정분석의 전문성 Ⅲ [정도관리]

1. 다음 예시에서 방법상 검출한계와 정량한계의 정의와 계산 과정에 대해 설명하시오. 정량한계 부근의 농도를 포함하도록 7점의 시료를 반복 측정하여 얻은 결과의 표준편차(s)가 1이다. 99% 신뢰도에서 t-분포값이 자유도 6일 때 3, 자유도 7일 때 4로 가정한다면 이때 방법상 검출한계와 정량한계를 계산하시오. 이때 농도단위는 mg/L이다.

풀이 1. 방법검출한계

(1) 정의 : 방법검출한계는 시료를 전처리 및 분석 과정을 포함한 해당 시험방법에 의해 시험 · 검사한 결과가 검출 가능한 최소 농도로서, 어떠한 매질 종류에 측정항목이 포함된 시료를 시험방법에 의해 시험 · 검사한 결과가 99 % 신뢰 수준에서 0보다 분명히 큰 최소 농도이다.

(2) 계산 : 각 시료에 대한 표준편차(s)와 자유도 $n-1$의 t 분포값을 곱하여 구한다.

즉, 방법검출한계(MDL) = t-분포값 × s

조건 : 99% 신뢰도에서 t-분포값이 자유도 6 일 때 3, 자유도 7일 때 4, 표준편차 1

① 자유도가 6일 때 방법검출한계(MDL) = 3 × 1 = 3 mg/L

② 자유도 7일 때 방법검출한계(MDL) = 4 × 1 = 4 mg/L이다.

따라서 자유도가 6일 때보다 7일 때 MDL이 높다.

2. 방법정량한계
(1) 정의 : 시험분석 대상을 정량화할 수 있는 (최소)측정값이다.
(2) 계산 : 제시된 정량한계 부근의 농도를 포함하도록 시료를 준비하고 이를 반복 측정하여 얻은 결과의 **표준편차**(s)에 10배 한 값을 사용한다.

$$정량한계(LOQ) = 10 \times s$$

① 자유도가 6일 때 정량한계(LOQ) = 10 × 1 = 10 mg/L
② 자유도 7일 때 정량한계(LOQ) = 10 × 1 = 10 mg/L이다.
따라서 LOQ의 경우는 자유도에 상관없이 결과는 동일하다.

3. 계산 결과 설명 : MDL은 자유도에 따른 t-분포값과 표준편차에 영향을 받고, LOQ는 표준편차에만 영향을 받는다. 따라서 MDL은 자유도에 따른 t-분포값이 다르기 때문에 결과 값에 차이가 나지만 LOQ는 표준편차가 동일하기 때문에 자유도에 상관없이 결과가 동일하다.

2. 다음 용어에 대해 그 차이점을 간략히 설명하시오.

크로마토그래프법, 크로마토그래프, 크로마토그램

풀이 1. **크로마토그래프법** : 크로마토그래피(chromatography)라고 하며 **시험방법**(method)을 의미한다. 즉 크로마토그래프 분석장비(GC, LC 등)를 사용하여 분석하는 시험방법이다.
2. **크로마토그래프** : 크로마토그래프는 분석기기(instrument) 즉 GC 또는 LC 등 장비 자체를 가리키는 것으로 크로마토그래프법을 이용하여 분석하는 분석장비이다.
3. **크로마토그램** : 크로마토그램은 크로마토그래프법으로 분석하여 얻는 데이터(data)를 의미한다.

3. 본인이 수행한 유기물질 분석업무에 대해 경험을 이야기하시오.

풀이 유기물질 분석과 관련하여 취급한 시료의 종류(먹는물, 지하수, 염수 또는 해수, 하천수, 폐수, 토양, 폐기물, 대기 등)에 대해 기술하고 시료별 특별한 성분분석에 따른 특징을 기술한다.

4. 환경에 대한 인식이 높아짐으로써 분석해야 할 시료수가 증가하고 있다. 환경분석사로서 대처 방법은?

풀이 시료수의 증가에 따른 효율적이면서 정확하고 정밀한 측정분석을 할 수 있는 방안을 개인의 경험과 지식을 토대로 기술한다. 즉 본 문제는 시료수의 증가에도 불구하고 어떻게 정도관리를 잘 할 것인가에 관련된 문제이다.

SECTION

005 2013년 수질 구술형

E N V I R O N M E N T A L   M E A S U R E M E N T

PART 01
PART 02
PART 03

01 수질분야 일반항목

출제범위	출제문제
측정분석의 전문성 I [시료채취]	1. 시료채취 시 grab sampling과 composite sampling의 차이점을 설명하고 grab sampling을 해야 할 경우를 설명하시오.
	2. 수직 성층이 일어난 호수 및 저수지에서의 시료 채취방법에 대해 설명하시오.
	3. 노말헥산추출물질을 즉시 실험할 수 없을 때 시료의 보존 방법 및 최대 보관기간에 대하여 설명하시오.
	4. 용존산소(DO)와 생물화학적 산소요구량(BOD)의 특징을 설명하고 유기물과 DO와의 관계를 설명하시오.
측정분석의 이해도 II [시료분석]	1. 수중 암모니아성 질소의 분석 필요성과 자외선/가시선 분광법에 의한 암모니아성 질소 분석의 원리를 설명하시오.
	2. 흡광광도법에 의한 수질용 분석기기의 파장 범위를 설명하고, 흡수셀의 재질과 적용파장에 대해 논하시오.
	3. n-헥산 추출물질 측정 시 이용되는 측정법에 대해 설명하고 그 측정원리를 논하시오.
	4. 본인이 수행한 수질 일반항목 실험에 대해 종합적으로 고찰하시오. (시료준비, 첨가시료준비, 표준용액 준비, 검정곡선, 기기분석 등)
측정분석의 전문성 III [정도관리]	1. 시료의 분석결과에 대한 신뢰성을 부여하기 위해서는 반드시 정도관리가 필요한데 정도관리용 시료의 필요조건에 대하여 설명하시오.
	2. 방법검출한계 농도 근처에서는 통계학적으로 시료에 존재하는 오염물질의 50 %가 불검출될 수 있으므로 시험결과를 그대로 보고하는 것은 쉽지 않다. 이러한 경우 측정분석사로서 취해야 할 적절한 조치에 대해 설명하시오.
	3. 바탕시료(blank sample)의 필요성과 종류에 대해 설명하시오.
	4. 정확도(accuracy)와 정밀도(precision)의 차이를 설명하시오.

01 측정분석의 전문성 I [시료채취]

1. 시료채취 시 grab sampling과 composite sampling의 차이점을 설명하고 grab sampling을 해야 할 경우를 설명하시오.

풀이 1. grab sampling과 composite sampling의 차이점
　① 단일시료(grab sampling) : 다른 시간과 장소에서 수집한 각각의 시료를 말한다. 수집한 시각의 조건에 따라 다르기 때문에, 단일시료의 분석결과로 오염의 감소 혹은 증가를 판단하는 데 사용해서는 안 된다.
　② 혼합시료(composite sampling) : 같은 장소에서 다른 시간대에 수집한 단일시료의 혼합물을 말한다. 더 적은 시료들을 각각의 용기에 수집하고 분석할 때 섞어서 사용하며 시료채취 기간 동안의 일반적인 특성을 알아볼 수 있다.

　2. grab sampling을 해야 할 경우
　환경오염사고 또는 취약시간대의 환경오염감시 등 신속한 대응이 필요할 경우는 단일시료 채취를 할 수 있다.

2. 수직 성층이 일어난 호수 및 저수지에서의 시료 채취방법에 대해 설명하시오.

풀이 1. 성층의 원인 : 호수 및 저수지에서 수질변화의 가장 큰 특징은 수직 성층(vertical stratification) 또는 열 성층(thermal stratification)으로 수심에 따라 수질이 다르다. 시료채취 위치에서 성층은 수표면 1 m 아래의 온도를 측정해 감지한다. 표면과 바닥의 온도 차이가 확연하다면(약 3 ℃ 이상) "수온약층(thermocline)"으로 깊이에 따라 급속히 온도가 감소하는 층이다. 이에 따라 호수 혹은 저수지는 성층이 되고 수온약층 위와 아래의 물질 변화가 발생한다.

　2. 채취방법
　① 성층 호수는 수심에 따라 1개 이상의 시료를 채취·조사한다.
　② 10 m 깊이 이상의 호수 혹은 저수지의 경우 수온약층의 위치에서는 먼저 water column을 통해 규칙적으로 공간별 온도를 측정해 평균을 구해야 한다.

　③ 수질 분석을 위한 시료는 수온약층의 위치 및 깊이에 따라 채취해야 하고 최소한 아래의 시료는 포함되어야한다.
　　㉠ 수표면 1 m 아래 시료
　　㉡ 수온약층의 위의 시료
　　㉢ 수온약층 아래 시료
　　㉣ 바닥 침전물 위로 1 m 시료

　④ 수온약층이 수 m 깊이로 넓게 있다면, 깊이에 따른 수질의 변화를 완전히 분석하기 위해서는 수온약층 내에서 추가적인 시료채취도 필요할 수 있다.

3. 노말헥산추출물질을 즉시 실험할 수 없을 때 시료의 보존 방법 및 최대 보관기간에 대하여 설명하시오.

풀이 1. 보존방법 : 보존제인 H_2SO_4로 pH 2 이하로 하고, 4 ℃에서 보관한다.
2. 최대보존기간 : 28일

4. 용존산소(DO)와 생물화학적 산소요구량(BOD)의 특징을 설명하고 유기물과 DO와의 관계를 설명하시오.

풀이 1. 용존산소(DO)와 생물화학적 산소요구량(BOD)의 특징
① 용존산소(DO) : 물속에 녹아 있는 산소량
② 생물화학적 산소요구량(BOD) : 수중에 포함된 유기물이 호기성 미생물에 의하여 분해될 때 소비되는 산소량

2. 유기물과 DO와의 관계
DO는 생물의 호흡이나 수중의 유기물의 산화 등에 의하여 소모되기 때문에 오염된 물일수록 DO는 감소한다.

02 측정분석의 이해도 Ⅱ [시료분석]

1. 수중 암모니아성 질소의 분석 필요성과 자외선/가시선 분광법에 의한 암모니아성 질소 분석의 원리를 설명하시오.

풀이 1. 수중 암모니아성 질소의 분석 필요성
물속에 존재하는 암모니아성 질소는 동물의 배설물 중에서 유기성 화합물이 분해되면서 생성된다. 탄산암모늄이 다량 생성되는 것은 위생적으로 의의가 있으며, 또 요에서 기인하는 요소도 암모니아성 질소로 변화되기 쉬우므로 암모니아성 질소의 검출은 분뇨에 의한 수질오염을 나타낼 수 있다.
그 외에 식물의 단백질 분해로 인한 것과 황산암모늄 등과 같은 암모니아성 질소를 함유한 비료가 용해되어 오염되기도 한다.
따라서 암모니아성 질소 시험은 동물의 분뇨, 식물의 단백질, 비료 등의 산업활동에 의한 수질오염의 판단에 필요하다.

2. 자외선/가시선 분광법에 의한 암모니아성 질소 분석의 원리
자외선/가시선 분광법에 의한 암모니아성 질소의 분석은 암모늄이온이 차아염소산의 공존하에서 페놀과 반응하여 생성하는 인도페놀의 청색을 630 nm에서 측정하는 방법이다.

2. 흡광광도법에 의한 수질용 분석기기의 파장 범위를 설명하고, 흡수셀의 재질과 적용파장에 대해 논하시오.

〔풀이〕 1. 흡광광도법에 의한 수질용 분석기기의 파장 범위

일반적으로 환경분석에서 사용하는 UV – Vis 분광광도계의 파장범위는 200 ~ 900 nm이다.

2. 흡수셀의 재질과 적용파장

흡수셀의 재질로는 유리, 석영, 플라스틱 등을 사용하며, 유리제는 주로 가시 및 근적외부 파장 범위, 석영제는 자외부 및 전체 파장범위, 플라스틱제는 근적외부 파장범위를 측정할 때 사용 한다.

3. n – 헥산 추출물질 측정 시 이용되는 측정법에 대해 설명하고 그 측정원리를 논하시오.

〔풀이〕 폐수 중에 비교적 휘발되지 않는 탄화수소, 탄화수소유도체, 그리스유상물질 및 광유류를 함유하 고 있는 시료를 pH 4 이하의 산성으로 하여 노말헥산층에 용해되는 물질을 노말헥산으로 추출하 여 노말헥산을 증발시킨 잔류물의 무게로부터 구하는 방법이다. 다만, 광유류의 양을 시험하고자 할 경우에는 활성규산마그네슘(플로리실) 컬럼을 이용하여 동식물유지류를 흡착, 제거하고 유출 액을 같은 방법으로 구할 수 있다.

4. 본인이 수행한 수질 일반항목 실험에 대해 종합적으로 고찰하시오.
(시료준비, 첨가시료준비, 표준용액 준비, 검정곡선, 기기분석 등)

〔풀이〕 ① 시료준비 : 시료준비 과정은 사용기구, 표준용액 첨가 등 시료 조제 관련 수행과정을 상세히 기 술한다.
② 첨가시료 준비 : 정제수에 표준용액을 첨가하여 조제하는 방법을 기술한다.
③ 표준용액 준비 : 표준용액 조제 과정을 단계별로 상세히 기술한다.
④ 검정곡선 : 단계별 검정곡선의 농도, 흡광도, 상관계수에 대하여 기술한다.
⑤ 기기분석 : 기기 분석조건, 측정방법을 기술한다.

⑥ 계산 및 평가과정
㉠ 농도 계산관련 식 및 계산방법을 기술한다.
㉡ 평가과정 : 각 과정별 발생 가능한 오차 요인을 정도관리 목표와 비교하여 기술한다.

03 측정분석의 전문성Ⅲ[정도관리]

1. 시료의 분석결과에 대한 신뢰성을 부여하기 위해서는 반드시 정도관리가 필요한데 정도관리용 시료의 필요조건에 대하여 설명하시오.

풀이 정도관리용 시료의 필요조건
① 시료의 성상과 농도에 대한 대표성이 있어야 한다.
② 정도관리를 수행할 만큼 **충분한 양의 시료**를 확보해야 한다.
③ 시료의 안정성(일정 조건에서 수개월 동안 시료의 변화가 없어야 함)이 있어야 한다.
④ 시료 보관 용기의 영향이 배제되어야 한다.
⑤ 정도관리용 시료 분취 과정에서 시료의 변화가 없어야 한다.
  (예 : 용기 개봉 시 고농도 휘발성 성분의 증발)

2. 방법검출한계 농도 근처에서는 통계학적으로 시료에 존재하는 오염물질의 50%가 불검출될 수 있으므로 시험결과를 그대로 보고하는 것은 쉽지 않다. 이러한 경우 측정분석사로서 취해야 할 적절한 조치에 대해 설명하시오.

풀이 1. 조치 사항 : 보고하지 않는다.
2. 근거 : QA/AC핸드북 p.25 1.3.3.9 낮은 수준의 정량
   실험실에서 일상적으로 분석하는 검정 표준물질 농도의 가장 낮은 농도 이하 수준(예를 들어 최소수준) 또는 방법검출한계의 2배 ~ 3배보다 낮은 수준의 오염물질 농도는 보고하지 않는 것이 좋을 것이다.
3. 이유 : MDL 근처 즉 MDL의 2배 ~ 3배보다 낮은 수준의 농도는 대체로 LOQ(정량한계) 농도보다 작은 값을 나타낸다.
   즉 MDL $= 3.14 \times s$(표준편차), LOQ $= 10 \times s$이다.
   표준편차는 동일하므로 MDL의 3배 농도인 경우
   MDL 3배 농도 $= 3.14 \times 3 = 9.42 <$ LOQ $= 10 = 10$의 관계가 성립한다.
   따라서 MDL의 2배 ~ 3배 농도값은 LOQ보다 낮은 값을 취하기 때문에 보고하지 않는 것이 좋다.

3. 바탕시료(blank sample)의 필요성과 종류에 대해 설명하시오.

풀이

1. 바탕시료의 필요성

바탕시료를 측정하는 것은 실험과정의 바탕값 보정과 실험과정 중 발생할 수 있는 오염을 파악하기 위해서다. 따라서 그 용도에 따라 다양한 바탕시료가 필요하다.

바탕시료는 측정하고자 하는 대상물질이 포함되지 않은 시료로 준비하며, 시료와 같은 절차에 따라 전처리하며 측정한다.

2. 바탕시료의 종류

바탕시료는 방법바탕시료(method blank sample), 현장바탕시료(field blank sample), 기구바탕시료(equipment blank sample), 세척바탕시료(rinsate blank sample), 운반바탕시료(trip blank sample), 전처리바탕시료(preparation blank sample), 매질바탕시료(matrix blank sample), 검정곡선바탕시료(calibration blank sample) 등이 있다.

4. 정확도(accuracy)와 정밀도(precision)의 차이를 설명하시오.

풀이

1. 정밀도(precision)

① 정의 : 시험분석 결과의 반복성을 나타낸다.

② 측정 및 계산 : 반복 시험하여 얻은 결과를 상대표준편차(RSD, relative standard deviation)로 나타내며, 연속적으로 n회 측정한 결과의 평균값($\overline{x}$)과 표준편차(s)로 구한다. 공정시험기준에서는 정량한계 농도의 2배 ~ 10배 또는 검정곡선의 중간농도가 되도록 동일하게 표준물질을 첨가한 시료를 4개 이상 준비하여, 분석절차와 동일하게 측정하여 평균값과 표준편차를 구하도록 하고 있다.

$$\text{정밀도 (\%)} = \frac{s}{x} \times 100$$

2. 정확도(accuracy)

① 정의 : 시험분석 결과가 참값에 얼마나 근접하는가를 나타낸다.

② 측정 및 계산

ⓐ 동일한 매질의 인증시료를 확보할 수 있는 경우 : 표준절차서(SOP)에 따라 인증표준물질을 분석한 결과값(C_M)과 인증값(C_C)과의 상대백분율로 구한다.

ⓑ 인증시료를 확보할 수 없는 경우 : 해당 표준물질을 첨가하여 시료를 분석한 분석값(C_{AM})과 첨가하지 않은 시료의 분석값(C_S)과의 차이를 첨가 농도(C_A)의 상대백분율 또는 회수율로 구한다. 공정시험기준에서는 정밀도 시험과 동일하게 시료를 준비하여 측정한 후에 회수율을 계산한다.

$$\text{정확도 (\%)} = \frac{C_M}{C_C} \times 100 = \frac{C_{AM} - C_S}{C_A} \times 100$$

3. 차이점

　① 정밀도는 시험결과의 반복성 즉 재현성을 나타내므로 분석결과가 참값에서 거리가 먼 경우도 생길 수 있다. 따라서 정밀도가 좋다고 반드시 정확도가 높다고 볼 수는 없다.

　② 반면에 정확도는 재현성보다는 결과 값이 참값에 얼마나 근접한가를 다루기 때문에 비록 정밀도는 나쁜 값을 나타내어도 경우에 따라서는 정확도가 높을 수도 있다.

　③ 따라서 시험 · 분석에서는 정확도와 정밀도 모두 좋은 값을 나타내어야 이상적이라고 할 수 있다.

┅02 수질분야 중금속

출 제 범 위	출 제 문 제
측정분석의 전문성 I [시료채취]	1. 퇴적물 채취기의 종류와 그 용도를 설명하시오.
	2. 비소와 셀레늄 분석용 시료의 보존방법에 대하여 설명하시오.
	3. 수질조사지점의 대체적인 위치가 결정된 후 정확한 지점 결정을 위해 고려해야 할 사항 들을 3가지 이상 설명하시오.
	4. 용해금속과 부유금속의 시료 채취 방법, 보존 방법 및 보존 기간에 대하여 설명하시오.
측정분석의 이해도 II [시료분석]	1. 수소화물생성 – 원자흡수분광광도법에 의한 셀레늄 정량을 위한 진처리방법과 분석방 법에 대하여 설명하시오.
	2. 원자흡광분석에서 일어나는 간섭에 대해 설명하시오. 그 원인과 대책도 함께 설명하 시오.
	3. 원자흡수분광광도계(Atomic Absorption Spectrometry)를 이용한 원소분석에 사용되는 연소가스의 종류, 분석원소, 가스 등급에 대하여 설명하시오.
	4. 시료의 전처리법에서 산분해법 사용시약을 3가지 이상 설명하시오.
측정분석의 전문성 III [정도관리]	1. 측정기기의 눈금에서 결정된 유효숫자 간의 덧셈/뺄셈과 곱셈/나눗셈의 연산규칙을 설 명하시오.
	2. 검출한계에 대하여 설명하시오.
	3. 의심스러운 데이터를 버릴 것인지 받아들일 것인지를 결정하기 위해서 Q – test를 사용 한다. Q – test에 대하여 설명하시오.
	4. 본인이 수행한 수질 중금속 실험에 대해 종합적으로 고찰하시오. (시료준비, 첨가시료 분석, 검정곡선, 기기분석 등)

01 측정분석의 전문성 I [시료채취]

1. 퇴적물 채취기의 종류와 그 용도를 설명하시오.

풀이 퇴적물 채취기(bottom sampler)는 호수나 하천 바닥의 퇴적물을 채취할 때 사용되는 기구로 수심, 퇴적물의 조직(texture), 조류(algae)의 유무, 퇴적물층의 두께, 퇴적물 채취의 목적 등에 따라 다른 종류의 채취기가 사용된다.

1. 표층 채취기 : 포나 그랩(ponar grab), 에크만 그랩(ekman grab), 에크만 – 비르거 그랩(ekman – birge grab) 등이 많이 쓰인다.

   ① 포나 그랩(ponar grab)

   모래, 자갈, 진흙 속에 생물체를 시료 채취하는 데 널리 이용되는 중력식 채취기이다. 부드러운 펄층이 두터운 경우 깊이 빠져 들어가기 때문에 사용이 어렵다.

   ② 에크만 그랩(ekman grab)

   물의 흐름이 거의 없는 곳에서 채취가 잘되는 채취기로서 수면 아래의 퇴적물에 채취기를 내린 후 메신저를 투하하면 장방형 상자의 밑판이 닫히도록 설계되었다. 바닥이 모래질인 곳에서는 사용하기 어렵다. 가벼워 휴대가 용이하다.

   ③ 삽, 모종삽, 스쿱(scoop)

   수심이 얕은 곳에서 퇴적물을 뜨거나 시료를 혼합할 때 사용한다.

2. 표층 및 심층 채취기 : 주상채취기(core sampler)가 있다.

   코어샘플러(core sampler)는 실트(silt), 점토 등의 부드러운 침전물을 채취할 때 사용한다. 침전물 속에 코어샘플러를 집어넣고 돌려 채취한다.

2. 비소와 셀레늄 분석용 시료의 보존방법에 대하여 설명하시오.

풀이
1. 보존방법 : 1 L당 HNO_3 1.5 mL로 pH 2 이하로 최대 6개월 보존
2. 보존제 사용방법 : 비소와 셀레늄 분석용 시료를 pH 2 이하로 조정할 때에는 질산(1 + 1)을 사용할 수 있으며, 시료가 알칼리화되어 있거나 완충효과가 있다면 첨가하는 산의 양을 질산(1 + 1) 5 mL까지 늘려야 한다.

3. 수질조사지점의 대체적인 위치가 결정된 후 정확한 지점 결정을 위해 고려해야 할 사항들을 3가지 이상 설명하시오.

풀이 1. 수질조사지점 공통적 적용사항
① 수질 보전 상 수질향상 및 상태의 파악이 필요한 지점
② 수질의 유지 또는 향상을 위한 통제수단의 효율성을 결정하기 위한 지점
③ 일정기간에 걸친 수질변화를 측정함으로써 수질변동의 경향파악 및 예측되는 행위를 제한하기 위한 지점
④ 수체(waterbody)에 유입되는 유입물질의 변화와 그 영향을 평가하기 위한 지점
⑤ 담수와 해수의 혼합지점에서 강으로부터의 오염물질 부하를 평가하기 위한 지점
⑥ 수역별 오염물질의 부하량과 그 영향을 파악하기 위한 지점

2. 수질조사지점 결정 시 고려사항
① 대표성 : 그 물의 성질을 대표할 수 있는 지점
② 유량측정 : 배출량 계산
③ 접근 가능성 : 시료는 2 L 이상 필요하고, 일과시간에 많은 지점에서 채취해야 하므로 접근이 용이해야 함
④ 안전성 : 날씨가 나쁘거나 유량이 많을 경우 위험하므로 안전을 고려한 지점이어야 함
⑤ 방해되는 영향 : 조사지점의 상류나 하류의 수질에 영향을 주는 요소가 있으면 대표성 확보 불가능

4. 용해금속과 부유금속의 시료 채취 방법, 보존 방법 및 보존 기간에 대하여 설명하시오.

풀이 1. 채취 방법 : 플라스틱 또는 유리용기를 사용하며 현장에서 여과한다.
용해금속과 부유금속(suspended metal) 측정을 위해서 시료는 보존 전에 여과한다. 시료를 현장에서 여과할 경우, 관측정으로부터 나온 물을 바로 여과하여 펌프한다. 용존금속은 여과액을 사용하고 부유금속은 여과된 필터를 사용한다. 채취용기는 플라스틱 재질 또는 유리재질 용기를 사용한다.

2. 보존방법 : 현장에서 여과 후 질산 이용 pH 〈 2로 보존
여과된 후에 금속 분석용 시료와 같은 방식으로 보존한다. 부유금속(suspended metal)의 필터는 실험실로 가지고 온다. 시료가 현장에서 여과되지 않았을 경우, 보존 없이 가능한 빨리 실험실로 운반하여 실험실에서 여과하고 여과한 후에 질산으로 보존한다. 모든 지하수 시료는 침전물로 부터의 오염을 피하기 위해 보존 전에 현장에서 여과하는 것을 권장한다.

3. 보존기간 : 최대 보존기간은 6개월이다.

02 측정분석의 이해도 Ⅱ [시료분석]

1. 수소화물생성 – 원자흡수분광광도법에 의한 셀레늄 정량을 위한 전처리방법과 분석방법에 대하여 설명하시오.

풀이 1. 전처리

① 셀레늄으로서 2 μg Se/L ~ 30 μg Se/L을 함유하는 시료 적당량을 취하여 100 mL로 묽힌 다음 진한질산 10 mL와 황산(1 + 1) 12 mL를 첨가한다.

② 후드 속에서 가열판(hot plate) 위에 시료를 놓고 삼산화황 (SO_3) 기체가 관찰될 때까지(약 20 mL의 부피가 될 때까지) 증발시킨다.

[주 1] 시료가 검게 타지 않아야 한다. 만일 검게 타면 즉시 가열을 중지하고 식힌 다음 진한 질산 3 mL를 가한다.

③ 질산을 과량으로 유지시키기 위해서 **소량씩 계속 가한다.**

[주 2] (갈색 기체의 발연에 의한 증거로서) 용액이 탁하게 되면 셀레늄이 환원되거나 손실의 원인이 될 수 있다. 시료는 무색 또는 삼산화황(SO_3) 기체가 발생하는 동안에 옅은 노란색을 유지하면, 분해가 완전하게 이루어진 것이다.

④ 시료를 식히고, 정제수 약 25 mL를 가하고, 다시 **질소산화물을 방출시키기 위해서 삼산화황(SO_3) 기체가 발생할 때까지 증발시킨다.**

⑤ 분해된 시료를 50 mL 부피플라스크에 옮긴다. 진한염산 20 mL를 가하고 정제수로 표선까지 채운다.

2. 분석방법

① 전처리한 시료를 수소화 발생장치의 반응용기에 옮기고 **요오드화칼륨용액 5 mL를 넣어 흔들어 섞고 약 30분간 방치**하여 시료용액으로 한다.

② 수소화 발생장치를 원자흡수분광분석장치에 연결하고 전체 흐름 내부에 있는 **공기를 아르곤가스로 치환**시킨다.

③ 아연분말 약 3 g 또는 나트륨붕소수화물(1 %) 용액 15 mL를 신속히 반응용기에 넣고 자석교반기로 교반하여 수소화 셀레늄을 발생시킨다.

④ 수소화 셀레늄을 아르곤 – 수소불꽃 중에 주입하여 196.0 nm에서 흡광도를 측정하고 미리 작성한 검정곡선으로부터 셀레늄의 양을 구하고 농도 (mg/L)를 산출한다. 평균 회수율은 90 % 이상이어야 한다.

[주 3] ③번 과정은 일반적으로 자동화된 수소화발생장치를 사용하며, 작동방법 및 첨가 시약은 제조사에서 제시하는 방법에 따른다.

2. 원자흡광분석에서 일어나는 간섭에 대해 설명하시오. 그 원인과 대책도 함께 설명하시오.

풀이 AAS의 간섭은 저온에서 중성원자 상태를 분석하는 것으로 원자화과정에서 화학적 방해가 일어나며, 간섭의 종류로는 분광학적 간섭, 물리적 간섭, 이온화간섭, 화학적 간섭이 있다.

1. 물리적 간섭
   ① 현상 : 표준용액과 시료 또는 시료와 시료간의 물리적 성질(점도, 밀도, 표면장력 등)의 차이 또는 표준물질과 시료의 매질(matrix) 차이에 의해 발생한다.
   ② 해소방안 : 표준용액과 시료 간의 매질을 일치시키거나 표준물질첨가법을 사용하여 방지할 수 있다.

2. 화학적 간섭
   ① 현상 : 원소나 시료에 특유한 것으로 공존물질과 작용하여 해리하기 어려운 화합물이 생성되어 흡광에 관계하는 바닥상태의 원자수가 감소하는 경우이며, 불꽃의 온도가 분자를 들뜬 상태로 만들기에 충분히 높지 않아서, 해당 파장을 흡수하지 못하여 발생한다.
   ② 해소방안 : 이온교환이나 용매추출 등에 의한 제거, 과량의 간섭원소의 첨가, 간섭을 피하는 양이온(란타늄, 스트론튬, 알칼리 원소 등), 음이온 또는 은폐제, 킬레이트제 등의 첨가, 목적원소의 용매추출, 표준물첨가법의 이용 등

3. 이온화 간섭
   ① 현상 : 원소나 시료에 특유한 것으로 불꽃온도가 너무 높을 경우 중성원자에서 전자를 빼앗아 이온이 생성될 수 있으며 이 경우 음($-$)의 오차가 발생하게 된다.
   ② 해소방안 : 시료와 표준물질에 보다 쉽게 이온화되는 물질(이온화 에너지, 이온화 전위, 이온화 전압이 더 낮은 물질)을 과량 첨가하면 감소시킬 수 있다.

4. 분광학적 간섭
   ① 현상 : 분석에 사용하는 스펙트럼선이 다른 인접선과 완전히 분리되지 않은 경우와 분석에 사용하는 스펙트럼선의 불꽃 중에서 생성되는 목적원소의 원자증기 이외의 물질에 의하여 흡수되는 경우에 발생한다.
   ② 해소방안 : 슬릿 간격을 좁히거나, 고농도 유기물 및 용존 고체 물질 제거, 대체파장 선택으로 감소시킬 수 있다.

3. 원자흡수분광광도계(Atomic Absorption Spectrometry)를 이용한 원소분석에 사용되는 연소가스의 종류, 분석원소, 가스 등급에 대하여 설명하시오.

풀이 1. 연소가스[가연성 – 조연성]의 종류 및 분석원소
   불꽃생성을 위해 아세틸렌(C_2H_2) – 공기가 일반적인 원소분석에 사용되며, 아세틸렌 – 아산화질소(N_2O)는 바륨 등 산화물을 생성하는 원소의 분석에 사용된다.

2. 가스등급
   아세틸렌은 일반등급을 사용하고, 공기는 공기압축기 또는 일반 압축공기 실린더 모두 사용 가능하다. 아산화질소 사용 시 시약등급을 사용한다.

3. 기타 : 가스로는 수소 – 공기, 프로판 – 공기, 수소 – 아르곤 등의 가스가 사용된다.

4. 시료의 전처리법에서 산분해법 사용시약을 3가지 이상 설명하시오.

풀이 1. 산분해법 사용 시약 종류 : 질산, 염산, 황산, 불화수소산, 과염소산

2. 산분해법 시약을 이용한 수질시료의 산분해 방법
   ① 질산법 : 유기물 함량이 비교적 높지 않은 시료의 전처리에 적용한다.
   ② 질산－염산법 : 유기물 함량이 비교적 높지 않고 금속의 수산화물, 산화물, 인산염 및 황화물을 함유하고 있는 시료에 적용. 휘발성 또는 난용성 염화물을 생성하는 금속 물질의 분석에는 주의한다.
   ③ 질산－황산법 : 유기물 등을 많이 함유하고 있는 대부분의 시료에 적용. 그러나 칼슘, 바륨, 납 등을 다량 함유한 시료는 난용성의 황산염을 생성하여 다른 금속성분을 흡착하므로 주의한다.
   ④ 질산－과염소산법 : 유기물을 다량 함유하고 있으면서 산분해가 어려운 시료에 적용한다.
   ⑤ 질산－과염소산－불화수소산 : 다량의 점토질 또는 규산염을 함유한 시료에 적용한다.

03 측정분석의 전문성 Ⅲ[정도관리]

1. 측정기기의 눈금에서 결정된 유효숫자 간의 덧셈/뺄셈과 곱셈/나눗셈의 연산규칙을 설명하시오.

풀이 1. 덧셈/뺄셈
   ① 같은 자릿수를 갖는 수를 더하거나 뺄 때, 결과는 각각의 숫자와 마찬가지로 같은 소수점(decimal point)을 갖는다.

$$
\begin{array}{r}
2.324 \times 10^{-3} \\
+\,3.455 \times 10^{-3} \\
\hline
5.779 \times 10^{-3}
\end{array}
$$

   ② 결과의 유효숫자의 수는 원래의 측정값의 유효숫자의 수보다 증가하거나 감소할 수 있다.

$$
\begin{array}{r}
6.725 \\
+\,8.634 \\
\hline
15.359\,(\text{유효숫자 증가})
\end{array}
\qquad
\begin{array}{r}
9.234 \\
-\,8.843 \\
\hline
0.391\,(\text{유효숫자 감소})
\end{array}
$$

2. 곱셈/나눗셈
  ① 곱셈과 나눗셈에서는 가장 작은 유효숫자를 갖는 수의 자릿수에 의해서 제한된다.
  ② 10의 지수항은 남겨야 될 자릿수에 영향을 주지 않는다.

$$
\begin{array}{lll}
3.26 \times 10^{-5} & 4.3179 \times 10^{12} & 34.60 \\
\underline{\times\ 1.78} & \underline{\times\ 3.6\quad \times 10^{-19}} & \underline{\div\ 2.46287} \\
5.80 \times 10^{-5} & 1.6\quad \times 10^{-6} & 14.05
\end{array}
$$

2. 검출한계에 대하여 설명하시오.

풀이 1. 검출한계
  ① 정의 : 검출 가능한 최소량을 의미하며, 정량 가능할 필요는 없다.
  ② 검출한계를 구하는 방법
    ㉠ 시각적 평가에 근거하는 방법
      검출한계에 가깝다고 생각되는 농도를 알고 있는 시료를 반복 분석하여 **분석대상물질이 확실하게 검출 가능하다는 것을 확인하고 이를 검출한계로 지정하는 방법**

    ㉡ 신호(signal) 대 잡음(noise)에 근거하는 방법
      농도를 알고 있는 낮은 농도의 시료의 신호를 바탕시료의 신호와 비교하여 구하는 방법으로 **신호 대 잡음비가 2배 ~ 3배로 나타나는 분석대상물질 농도를 검출한계로** 하며, 일반적으로 ICP, AAS와 크로마토그래프에 적용할 수 있음

    ㉢ 반응의 표준편차와 검정곡선의 기울기에 근거하는 방법
      반응의 표준편차와 검량선의 기울기에 근거하는 방법은 아래의 식과 같이 반응의 **표준편차를 검량선의 기울기로 나눈 값에 3.3을 곱하여 산출함**

$$
DL(\text{detecton limit}) = 3.3\ \sigma/S
$$

      여기서, σ : 반응의 표준편차
                 S : 검량선의 기울기

2. 검출한계의 종류 : 기기검출한계(IDL), 방법검출한계(MDL)가 있다.

3. 의심스러운 데이터를 버릴 것인지 받아들일 것인지를 결정하기 위해서 Q-test를 사용한다. Q-test에 대하여 설명하시오.

풀이 1. Q-test : 의심스러운 데이터를 버릴 것인지 받아들일 것인지를 결정하기 위한 방법이다.

2. 계산 : $Q_{계산} = \dfrac{범위}{간격}$

여기서 범위(range)는 데이터의 전체 분산이고, 간격(gap)은 의심스러운 측정값과 가장 가까운 측정값 사이의 차이이다.

3. 판단 기준

- $Q_{계산} = \left(\dfrac{범위}{간격}\right) \langle Q_{표}$: 의심스러운 값을 받아들임

- $Q_{계산} = \left(\dfrac{범위}{간격}\right) \rangle Q_{표}$: 의심스러운 값을 버림

4. 본인이 수행한 수질 중금속 실험에 대해 종합적으로 고찰하시오.

(시료준비, 첨가시료 분석, 검정곡선, 기기분석 등)

풀이 ① 시료준비 : 시험용 시료 조제과정을 기술한다.
② 첨가시료 분석 : 첨가시료의 조제방법 및 분석과정을 기술한다.
③ 검정곡선 : 검정곡선 작성 과정 std 1의 농도 ~ std 5까지, 주입량, 상관계수(r) 또는 결정계수(R^2) 및 작성된 검정곡선의 상관계수와 결정계수 결과를 바탕으로 검정곡선에 대한 평가를 기술한다.
④ 기기분석 : 분석조건을 기술 및 측정 시 발생 가능한 오차요인을 기술한다.

⑤ 계산 및 평가과정
  ㉠ 농도 계산관련 식 및 계산방법을 기술한다.
  ㉡ 평가과정 : 각 과정별 발생 가능한 오차 요인을 정도관리 목표와 비교하여 기술한다.

···**03** 수질분야 유기물질

출 제 범 위	출 제 문 제
측정분석의 전문성 Ⅰ [시료채취]	1. 시료채취계획을 수립하고자 할 때 고려하여야 할 사항을 3가지 이상 설명하시오.
	2. 휘발성유기화합물 분석 시 플라스틱을 사용하지 않는 이유를 설명하시오.
	3. 하천수의 DEHP(디에틸헥실프탈레이트) 분석을 위한 시료채취 방법에 대해 설명하시오.
	4. 잔류염소가 있는 수질 시료에서 VOC를 분석하고자 할 때 시료 보존 방법을 설명하시오.
측정분석의 이해도 Ⅱ [시료분석]	1. PCBs나 유기인계 농약 등을 분석하기 위한 시료전처리과정에서 실리카겔 컬럼과 플로 리실 컬럼을 사용하여 정제를 하여야 하는 경우가 있다. 어떤 긴섭물질들을 제거하기 위 한 것인지 설명하시오.
	2. 수질 시료로부터 다이에틸헥실프탈레이트를 분석하는 과정 중에 추출용매인 노말헥산 층과 수층이 잘 분리되지 않고 에멀전이 생성되었다. 층분리를 하는 방법과 추출용매로 부터 수분을 제거하는 방법을 설명하시오.
	3. 분석하고자 하는 항목에 따라 전처리 방법을 달리 선택한다. 벤젠분석을 위한 전처리방 법을 선택하고 설명하시오.
	4. 가스크로마토그래프를 이용한 분석조건을 설정하는 경우 고려하여야 하는 사항에 대해 설명하시오.
	5. 본인이 수행한 수질 유기물질항목 실험에 대해 종합적으로 고찰하시오.(시료준비, 표준 용액 준비, 첨가시료 분석, 검정곡선, 기기분석 등)
측정분석의 전문성 Ⅲ [정도관리]	1. 방법바탕시료(method blank sample), 현장바탕시료(field blank sample), 운반바탕시 료(trip blank sample)에 대해 설명하시오.
	2. 검정곡선의 직선성과 범위에 대해 설명하시오.
	3. 정도관리분야에서 평가를 위한 내부정도관리, 외부정도관리에 대해 설명하시오.
	4. 실험실 안전관리를 위해 갖추어야 할 기본적인 안전설비는 무엇이 있으며, 또 실험실에 비치하는 MSDS가 무엇인지 간략히 설명하시오.

01 측정분석의 전문성 Ⅰ [시료채취]

1. 시료채취계획을 수립하고자 할 때 고려하여야 할 사항을 3가지 이상 설명하시오.

풀이 시료채취계획 수립 시 고려사항
① 목적 : 환경감시, 민원, TMS모니터링, 연구 등
② 변동성 : 시료의 시·공간적 변화(대표성 고려)
③ 소요비용 : 샘플링, 분석비용 등 비용 최소화
④ 기타 : 지점 접근성, 채취의 편리성, 시료자원의 유효성 등

2. 휘발성유기화합물 분석 시 플라스틱을 사용하지 않는 이유를 설명하시오.

풀이 1. 플라스틱 내 존재하는 가소제 등의 각종 화학첨가제에 의한 시료의 오염으로 발생 가능한 시험오차 방지
2. 이들 화학물질의 전처리 과정에서 각종 용매에 추출에 의한 정량적인 오차 유발 가능성 차단

3. 하천수의 DEHP(디에틸헥실프탈레이트) 분석을 위한 시료채취 방법에 대해 설명하시오.

풀이 다이에틸헥실프탈레이트를 측정하기 위한 시료채취 시 스테인레스강이나 유리 재질의 시료채취기를 사용한다. 플라스틱 시료채취기나 튜브 사용을 피하고 불가피한 경우 시료 채취량의 5배 이상을 흘려보낸 다음 채취하며, 갈색 유리병에 시료를 공간이 없도록 채우고 폴리테트라플루오로에틸렌(PTFE, polytetrafluoroethylene) 마개(또는 알루미늄 호일)나 유리마개로 밀봉한다. 시료병을 미리 시료로 헹구지 않는다.

4. 잔류염소가 있는 수질 시료에서 VOC를 분석하고자 할 때 시료 보존 방법을 설명하시오.

풀이 휘발성유기화합물 분석용 시료에 잔류염소가 공존할 경우 시료 1 L당 아스코르빈산 1 g을 첨가한다.[수질오염공정시험기준] 또는 **티오황산나트륨**을 바이알 시료에 첨가한 후, 그 바이알에 시료를 반 정도 채우고 산을 추가한다. 즉, 티오황산나트륨을 제일 먼저 넣고, 시료-산 순서로 넣는다. 두 보존제가 섞이지 않도록 해야 한다.

※ 기타 VOC 시험용 시료채취 시 주의 사항
① 대상시료(폐수, 지하수 등) 채취 시 대표성을 확보한다.
② 채취용기는 뚜껑이 있는 유리용기를 사용한다.
③ 용기 뚜껑의 내면은 손으로 만지지 않아야 한다.
④ 용기의 공간이 생기지 않도록 가득 채워 채취한다.
⑤ 냉장보관 또는 pH 2.0 이하로 조정(HCl 이용)한다.

02 측정분석의 이해도 Ⅱ [시료분석]

1. PCBs나 유기인계 농약 등을 분석하기 위한 시료전처리과정에서 실리카겔 컬럼과 플로리실 컬럼을 사용하여 정제를 하여야 하는 경우가 있다. 어떤 간섭물질들을 제거하기 위한 것인지 설명하시오.

풀이 1. 실리카겔 컬럼 정제

산, 염화페놀, 폴리클로로페녹시페놀 등의 극성화합물을 제거하기 위하여 수행하며, 사용 전에 정제하고 활성화시켜야 하거나 시판용 실리카 카트리지를 이용할 수 있다.

2. 플로리실 컬럼 정제

시료에 유분의 관찰 또는 분석 후 시료 크로마토그램의 방해성분이 유분의 영향으로 판단될 경우에 수행하며 시판용 플로리실 카트리지를 이용할 수 있다.

2. 수질 시료로부터 다이에틸헥실프탈레이트를 분석하는 과정 중에 추출용매인 노말헥산 층과 수층이 잘 분리되지 않고 에멀젼이 생성되었다. 층 분리를 하는 방법과 추출용매로부터 수분을 제거하는 방법을 설명하시오.

풀이 1. 층 분리 방법

두 층이 잘 분리되지 않으면 에멀젼층을 포함하여 다이클로로메탄층(헥산)을 취한 다음 원심분리하여 다이클로로메탄층(헥산)을 분리한다.
① 에멀젼 층과 용매 분취 원심분리
② 수층에 NaCl을 첨가하여 수층의 극성 강화로 층 분리 증가
③ 용매 층 분리 후 수층에 추출 용매 추가하여 재추출

2. 추출용매 중에 수분 제거 방법

무수황산나트륨을 2 g을 가하여 수분을 제거하며 시험관에 모은다.
필요시 무수황산나트륨을 더 가하여 완전히 수분을 제거한다. 추출용매에 무수황산나트륨을 첨가 시에는 무수황산나트륨이 굳은 상태가 아닌 알갱이 상태로 보여야 수분이 완전히 제거된 상태이다.

3. 분석하고자 하는 항목에 따라 전처리 방법을 달리 선택한다. 벤젠분석을 위한 전처리방법을 선택하고 설명하시오.

풀이 1. 벤젠은 휘발성유기화합물(VOCs)에 해당하는 물질이므로 전처리방법은 휘발성유기화합물 (VOCs)의 전처리 방법에 준하여 한다. 해당되는 전처리방법으로는 퍼지 · 트랩법, 헤드스페이스법, 용매추출법을 적용할 수 있다.

2. 방법별 전처리 설명
   ① 퍼지 · 트랩법
   시료를 불활성기체로 퍼지(purge)시켜 기상으로 추출한 다음 트랩관으로 흡착 · 농축하고, 가열 · 탈착시켜 모세관 컬럼을 사용한 기체크로마토그래프로 분석하는 방법이다.

   ② 헤드스페이스법
   바이알에 일정 시료를 넣고 캡으로 완전히 밀폐시킨 후 시료의 온도를 일정 온도 및 일정 시간 동안 가열할 때 휘발성유기화합물들이 기화되어 상부 공간으로 이동하여 평형상태에 이르게 되고 이 기체의 일부를 측정 장비로 주입하여 분석하는 방법이다.

   ③ 용매추출법
   시료(40 mL)를 헥산(10 mL)으로 추출하여 기체크로마토그래프를 이용하여 분석하는 방법이다.

4. 가스크로마토그래프를 이용한 분석조건을 설정하는 경우 고려하여야 하는 사항에 대해 설명하시오.

풀이 1. 가스크로마토그래프(GC)의 주요구성은 시료의 도입 및 기화를 담당하는 주입구, 시료의 각 성분을 분리하는 컬럼이 내장된 오븐, 시료의 각 성분을 검출하는 검출기로 이루어져 있다. 따라서 GC의 분석조건은 분석 대상 시료를 분리 및 검출에 가장 알맞은 분석조건으로 이들 각 구성 장치의 조건을 설정하는 것이다.
2. 주입조건 : 시료의 주입은 자동화 장치인 자동주입장치(auto injector), 퍼지 · 트랩장치, 헤드스페이스 장치를 사용할 수 있으며, 또한 매뉴얼 주입방식으로 주입할 수 있다. 주입방식은 일반적으로 분할(split)/비분할(splitless) 방식을 주로 사용한다.
3. 가스 및 유량 : 환경분석에 가장 많이 사용되는 0.2 ~ 0.32 mm 캐필러리 컬럼의 경우 가스 유량은 주로 1 ~ 2 mL/min가 사용되며, 이동상 가스는 헬륨, 질소, 수소를 사용하며, 검출기에 사용되는 가스는 헬륨, 질소, 수소, 공기가 사용되며, 가스의 순도는 99.99 % 이상이다.
4. 온도 : 일반적으로 주입구의 온도는 시료를 충분히 기화시킬 수 있는 온도로 설정하고, 컬럼은 저온에서 고온으로 승온 조작하며, 검출기는 주입구의 온도와 컬럼의 최고 온도보다 높게 사용된다.

5. 장치별 고려사항

① Injector : 주입량, 온도, split ratio, 가스유량(압력) 등

② Oven : 컬럼 종류 및 규격, 이동상 가스 및 컬럼 유속, 온도조건(승온, 등온) 등

③ Detector : 검출기 종류, 온도, make up gas, 검출기 사용가스 등

5. 본인이 수행한 수질 유기물질항목 실험에 대해 종합적으로 고찰하시오.

(시료준비, 표준용액 준비, 첨가시료 분석, 검정곡선, 기기분석 등)

풀이 ① 시료준비 : 시료준비 과정을 사용기구, 표준용액 첨가 등 시료 조제 관련 수행과정을 상세히 기술한다.

② 표준용액 준비 : 표준용액 조제 과정을 단계별로 상세히 기술한다.

③ 첨가시료 분석 : 첨가시료 조제과정, 시험용액 제조 과정(희석), 분석방법 등을 기술한다.

④ 검정곡선 : 검정곡선 작성 과정 std 1의 농도 ~ std 5까지, 주입량, 상관계수(r) 또는 결정계수(R^2) 및 작성된 검정곡선의 상관계수와 결정계수 결과를 바탕으로 검정곡선에 대한 평가 기술

⑤ 기기분석 : 기기분석 조건 기술 → 분석기기의 instrument (analysis) method를 참조하여 작성하되 가스 및 이동상의 유속, 컬럼의 종류, 검출기의 종류, 주입구, 검출기의 온도, 오븐 온도 프로그램, 주입량을 기본으로 기술한다.

⑥ 계산 및 평가과정

㉠ 농도 계산관련 식 및 계산방법을 기술한다.

㉡ 평가과정 : 각 과정별 발생 가능한 오차 요인을 정도관리 목표와 비교하여 기술한다.

03 측정분석의 전문성 Ⅲ [정도관리]

1. 방법바탕시료(method blank sample), 현장바탕시료(field blank sample), 운반바탕시료(trip blank sample)에 대해 설명하시오.

풀이 1. 방법바탕시료(Method blank sample)
① 실험실에서 시료와 동일한 매질(DW 등, 분석대상 성분이 없을 것)로 시험법과 동일하게 수행한다.
② 시약초자류, 시험절차 등에 의한 오염을 확인할 수 있다.

2. 현장바탕시료(Field blank sample)
① 시료채취 현장에서 깨끗한 매질(DW 등)과 용기로 제조한다.
② 분석의 모든 과정(채취, 운송, 분석)에서 오염을 확인할 수 있다.
③ 보존제 주입, 전처리 등 시료와 동일하게 수행(현장당 1개 정도)한다.

3. 운반바탕시료(Trip blank sample)
① 목적성분이 없는 시료와 동일 매질을 깨끗한 용기에 밀봉 후 현장 이동하고 시료와 동일하게 운반한다.
② 시료 운송 중 용출 등으로 인한 채취용기의 오염을 확인할 수 있다.(VOCs 분석 등)

2. 검정곡선의 직선성과 범위에 대해 설명하시오.

풀이 1. 정의 : GC 검출기가 대상물질의 농도에 비례적인 전기화학적 감응도(Intencity)를 선형적으로 보이는 선형구간(Linear range)을 의미한다.
2. 분석 : 시료분석 시 선형구간을 벗어나는 경우에는 정량적 오차가 발생하므로 시료를 희석 또는 농축하여 선형구간 범위 내에 들어오도록 해야 한다.

3. 정도관리분야에서 평가를 위한 내부정도관리, 외부정도관리에 대해 설명하시오.

풀이 1. 내부정도평가 : 내부표준물질, 분할시료(split sample), 첨가시료(spiked sample), 혼합시료 등을 이용해 측정시스템(시료채취, 측정절차 등)에서 **재현성을 평가**하는 것이 주목적이며 동일 시료를 나누어 사용(분할시료)함으로써 **분석방법의 정밀도, 정확성**을 알 수 있다.
2. 외부정도평가 : 공동 시험 · 검사에의 참여, 동일 시료의 교환측정, 외부 제공 표준물질의 분석 등으로 **측정의 정확도**를 확인할 수 있다.

4. 실험실 안전관리를 위해 갖추어야 할 기본적인 안전설비는 무엇이 있으며, 또 실험실에 비치하는 MSDS가 무엇인지 간략히 설명하시오.

> 풀이 1. 실험실안전 장비의 종류
> ① **흄 후드** : 유해한 증기 및 가스를 포집하여 외부로 배출하는 장치
> ② **화학물질 저장 캐비닛** : 실험실 내에 화학물질을 안전하게 보관하는 장치로 저장 시 시약에 따라 자체 통풍시설 필요
> ③ **아이워시(eyewash)** : 화학물질이 시험자의 눈에 들어갔을 때 긴급히 씻는 장치. 실험실 모든 장소에서 15 m 이내, 30초 이내에 도달할 수 있게 설치
> ④ **비상샤워장치** : 화학물질이 시험자의 몸에 접촉되어 위험할 때 긴급히 씻는 장치
> ⑤ **마스크** : 시험자의 시험 시 유해물질로부터 호흡기 보호
> ⑥ **장갑 및 가운** : 시험자를 유해물질 또는 고온 기구 및 장치로부터 보호
> ⑦ **소방안전설비 및 소화기**
>
> 2. MSDS : Material Safety Data Sheet의 약자로 '물질안전보건자료'로 화학물질에 대한 안전, 보건 관련 **기초자료**를 정리하여 근로자(화학물질 관련 종사자 ; 연구자, 시험자, 생산자 등)에게 제시하여 취급하는 화학물질에 의한 재해가 발생하지 않도록 예방하는 데 목적이 있으며, 이는 1983년 미국 노동부 산하 노동안전위생국(OSHA)에서 유해한 600여 종의 화학물질의 기준을 마련하면서 시작되었다. 우리나라는 1996년 7월 1일부터 산업안전보건법에 근거하여 시행하고 있다.
> 따라서 MSDS 제도는 화학물질을 다루는 근로자에게 화학물질에 대한 위험성과 유해성 관련 정보를 제공함으로써 근로자가 스스로 자신을 화학물질의 위험 또는 사고로부터 보호하고 사고발생 시 신속히 대응하도록 하기 위해 실시되는 제도이다.

부록

실기시험 문제지
(구술형/작업형)

1회 수질환경(구술형)

□ 수질분야

출제범위	출제문제
일반항목	**1. 측정 및 기기원리에 관한 사항(10점)** ◦ 흡광광도법의 원리에 대해 설명하시오. ◦ BOD, COD_{Mn}(산성법), TOC의 측정원리에 대해 설명하시오. **2. 정도관리에 관한 사항(10점)** ◦ 정밀도(Precision)와 정확도(Accuracy)의 의미와 차이점에 대해 설명하시오. ◦ 방법검출한계(MDL)의 정의와 계산식에 대해 설명하시오. **3. 실험보고서에 관한 사항(10점) : 실험보고서를 토대로 평가 실시**

출제범위	출제문제
중금속	**1. 측정 및 기기원리에 관한 사항(10점)** ◦ 원자흡수분광법(AAS)와 원자방출분광법(AES)의 차이점을 설명하시오. ◦ 중금속 전처리 시 산분해방법에 대해 설명하시오. **2. 정도관리에 관한 사항(10점)** ◦ 바탕시료 분석결과, 평소보다 높은 결과가 나타나는 경우에 검토하여야 할 사항은 무엇인가? ◦ 시료 분석결과가 검정곡선 범위를 벗어나는 경우 해결방안에 대해 설명하시오. **3. 실험보고서에 관한 사항(10점) : 실험보고서를 토대로 평가 실시**

출제범위	출제문제
유기물질	**1. 측정 및 기기원리에 관한 사항(10점)** ◦ GC에서 시료주입장치의 종류와 그 특성에 대해 설명하시오. ◦ 휘발성탄화수소 시험방법 중 헤드스페이스법과 퍼지트랩법의 장·단점을 설명하시오. **2. 정도관리에 관한 사항(10점)** ◦ 실험실 내의 정도관리를 위해 수행하는 실험에 대해 설명하시오. ◦ 검출한계의 종류와 그 의미에 대해 설명하시오. **3. 실험보고서에 관한 사항(10점) : 실험보고서를 토대로 평가 실시**

제1회 환경측정분석사(실기)

검 정 분 야	수질	검 정 과 목	유기물질
날 짜	2009.12.03	수 험 번 호	
성 명		좌 석 번 호	

— 〈수험자 주의 사항〉 —

○ 문제지에 성명, 수험번호, 좌석번호를 정확히 기입하시기 바랍니다.

○ '시험분석 보고서'에 성명과 수험번호를 쓰고, 답을 정확히 기재하시기 바랍니다.

○ 문항에 따라 배점이 다르니, 각 물음의 끝에 표시된 배점을 참고하시기 바랍니다.

○ 답안지는 2개(시험분석 보고서, 작업형 실기시험 답안지)이오니 확인하시기 바랍니다.

○ 문항 1, 2, 4번 답안은 별도로 제공된 작업형 실기시험 답안지에, 문항 3번 답안은 문제지 뒤에 첨부된 시험분석 보고서 답안지에 기입하시기 바랍니다.

○ 보고서의 작성은 주어진 각 항에 일치하도록 작성하며, 내용은 자유롭게 작성하시기 바랍니다.

환경측정분석사 수질분야
작업형 실기시험 문제지

01
10점

평가항목의 시험분석 일반사항에 대해 답하시오.

(1) 전처리과정을 포함한 실험과정을 적고, 발생 가능한 오차요인을 기술하시오.

(2) 기기분석 조건을 적고, 기기분석 시 주의하여야 할 사항을 기술하시오.

02
10점

평가항목의 시험 분석과정에 대해 답하시오.

(1) 표준용액 조제 및 검정곡선 작성 과정을 적고, 고려하여야 할 사항을 적으시오.

(2) 방법바탕시료의 시험 분석과정과 그 의미를 적으시오.

(3) 첨가시료를 이용한 회수율 시험 분석과정과 그 의미를 적으시오.

03
40점

[문항 2]에서 작성한 시험분석과정을 수행하고, 첨부의 양식에 따라 결과값을 작성하여 제출하시오. 제출 시 단계별로 기기 원 분석자료(raw data)를 함께 첨부하시오.

(1) 제공된 <u>기지표준용액(2 mg/L)</u>을 이용하여 검정곡선을 작성하시오.

 - 기지표준용액을 단계별로 희석하여 검정곡선을 3points(blank 및 영점 제외) 작성하시오.

 - 제공된 엑셀프로그램(별도 컴퓨터 설치)을 사용하여 그 결과값을 구하고, raw data를 함께 제출하시오.

(2) 제공된 <u>미지시료용액(저농도 및 고농도)</u>을 이용하여 그 농도값을 구하시오.

 - 실험에 앞서 미지시료용액은 반드시 10배 희석하여 농도값 측정용 미지시료 용액(저농도 및 고농도)으로 제조하시오.

 - 농도값 측정용 미지시료용액을 전처리과정 없이 기기분석하여 2회 반복한 농도값(소수점 이하 셋째 자리까지 표기)을 구하고, raw data를 함께 제출하시오.

 ※ 농도범위 : 저농도(0.03−0.04 mg/L), 고농도(0.15−0.25 mg/L)

(3) 제공된 <u>증류수</u>를 이용하여 방법바탕시료의 농도값을 구하시오.

 - 증류수를 이용, 전처리과정을 수행하여 농도값을 구하고, raw data를 함께 제출하시오.

(4) 제공된 증류수와 미지시료용액을 이용하여 첨가시료(저농도 및 고농도)를 조제하고, 회수율을 구하시오.
    – 증류수에 미지시료용액(저농도 및 고농도)을 이용하여 첨가시료를 조제하시오.
    – 첨가시료에 전처리과정을 수행하여 회수율을 구하고, raw data를 함께 제출하시오.

04
10점

본인이 수행한 시험 분석과정과 그 결과값에 대해 종합적으로 고찰하시오.

수험 번호 :	성명 :	평가 항목 : 유기물질

시험분석 보고서

(주1) 본 내용은 작업형 실기시험에서 응시자가 설계할 수 있는 최대 시험분석과정을 나타낸 것으로, 실제 실험은 응시자가 제한된 시간을 감안하여 시험분석과정을 직접 설계하여 수행하시기 바랍니다.

(주2) 기기분석은 기기별로 주어진 시간 내(GC의 경우 1회 제공시간은 90분임)에서 수행하여야 하므로 주지하시기 바랍니다.

(주3) 모든 실험이 완료된 후 폐액은 주어진 장소에 처리하고, 초자기구 등은 수돗물을 이용하여 1차 세척하여 정리정돈하시기 바랍니다.

구분	Conc.	Response	계산값		
(1) 검정곡선			$y = ax + b$		
			$a =$		
			$b =$		
			$r^2 =$		

구분	Response	Conc.	희석배수	최종농도 (mg/L)	농도 계산
(2) 미지시료 A (저농도)					평균값 =
					상대편차백분율(RPD) =
(2) 미지시료 B (고농도)					평균값 =
					상대편차백분율(RPD) =

구분	Response	Conc.	희석배수	최종농도 (mg/L)	농도 계산
(3) 방법바탕시료					농도값 =

구분	Response	Conc.	희석배수	최종농도 (mg/L)	회수율 계산
(4) 첨가시료 A (저농도)					회수율(%) =
(4) 첨가시료 B (고농도)					회수율(%) =

비번호	

제1회 환경측정분석사(실기)

검 정 분 야	수질	검 정 과 목	일반항목
날 짜	2009.12.02	수 험 번 호	
성 명		좌 석 번 호	

〈수험자 주의 사항〉

○ 문제지에 성명, 수험번호, 좌석번호를 정확히 기입하시기 바랍니다.

○ '시험분석 보고서'에 성명과 수험번호를 쓰고, 답을 정확히 기재하시기 바랍니다.

○ 문항에 따라 배점이 다르니, 각 물음의 끝에 표시된 배점을 참고하시기 바랍니다.

○ 답안지는 2개(시험분석 보고서, 작업형 실기시험 답안지)이오니 확인하시기 바랍니다.

○ 문항 1, 2, 4번 답안은 별도로 제공된 작업형 실기시험 답안지에, 문항 3번 답안은 문제지 뒤에 첨부된 시험분석 보고서 답안지에 기입하시기 바랍니다.

○ 보고서의 작성은 주어진 각 항에 일치하도록 작성하며, 내용은 자유롭게 작성하시기 바랍니다.

환경측정분석사 수질분야
작업형 실기시험 문제지

01 평가항목의 시험분석 일반사항에 대해 답하시오.
10점

(1) 시약제조 과정을 상세히 적고, 고려하여야 할 사항을 기술하시오.

(2) 전처리과정을 포함한 실험과정을 적고, 발생 가능한 오차요인을 기술하시오.

(3) 기기분석 조건을 적고, 기기분석 시 주의하여야 할 사항을 기술하시오.

02 평가항목의 시험 분석과정에 대해 답하시오.
10점

(1) 표준용액 조제 및 검정곡선 작성 과정을 적고, 고려하여야 할 사항을 적으시오.

(2) 방법바탕시료의 시험 분석과정과 그 의미를 적으시오.

(3) 첨가시료를 이용한 회수율 시험 분석과정과 그 의미를 적으시오.

03 [문항 2]에서 작성한 시험분석과정을 수행하고, 첨부의 양식에 따라 결과값을 작성하여 제출하시
40점 오. 제출 시 단계별로 기기 원 분석자료(raw data)를 함께 첨부하시오.

(1) 제공된 <u>기지표준용액(100 mg/L)</u>을 이용하여 검정곡선을 작성하시오.

- 기지표준용액을 단계별로 희석하여 검정곡선을 3points(blank 및 영점 제외) 작성하시오.

- 제공된 엑셀프로그램(별도 컴퓨터 설치)을 사용하여 그 결과값을 구하고, raw data를 함께 제출
  하시오.

(2) 제공된 <u>미지시료용액(저농도 및 고농도)</u>의 농도값를 구하시오.

- 실험에 앞서 미지시료용액은 반드시 100배 희석하여 농도값 측정용 미지시료 용액(저농도 및
  고농도)으로 제조하시오.

- 농도값 측정용 미지시료용액을 전처리과정없이 기기분석하여 2회 반복한 농도값(소수점 이하
  셋째 자리까지 표기)을 구하고, raw data를 함께 제출하시오.

※ 농도범위 : 저농도(0.2-1.0 mg/L), 고농도(1-5 mg/L)

(3) 제공된 <u>증류수</u>를 이용하여 방법바탕시료의 농도값을 구하시오.

- 증류수를 이용, 전처리과정(과황산칼륨 분해)을 수행하여 농도값을 구하고, raw data를 함께
  제출하시오.

(4) 제공된 미지시료용액과 기지표준용액을 이용하여 첨가시료(저농도 및 고농도)를 조제하고, 회수율을 구하시오.

  – 농도값 측정용 미지표준용액(저농도 및 고농도)에 기지표준용액을 이용하여 0.5 mg/L 첨가시료를 조제하시오.

  – 첨가시료에 전처리과정(과황산칼륨 분해)을 수행하여 회수율을 구하고, raw data를 함께 제출하시오.

04
10점

본인이 수행한 시험 분석과정과 그 결과값에 대해 종합적으로 고찰하시오.

수험 번호 :	성명 :	평가 항목 : 일반항목

시험분석 보고서

(주1) 본 내용은 작업형 실기시험에서 응시자가 설계할 수 있는 최대 시험분석과정을 나타낸 것으로, 실제 실험은 응시자가 제한된 시간을 감안하여 시험분석과정을 직접 설계하여 수행하시기 바랍니다.

(주2) 기기분석은 기기별로 주어진 시간 내(UV의 경우 1회 제공시간은 30분임)에서 수행하여야 하므로 주지하시기 바랍니다.

(주3) 모든 실험이 완료된 후 폐액은 주어진 장소에 처리하고, 초자기구 등은 수돗물을 이용하여 1차 세척하여 정리정돈하시기 바랍니다.

구분	Conc.	Response	계산값		
(1) 검정곡선			$y=ax+b$ $a=$ $b=$ $r^2=$		

구분	Response	Conc.	희석배수	최종농도 (mg/L)	농도 계산
(2) 미지시료 A (저농도)					평균값 = 상대편차백분율(RPD) =
(2) 미지시료 B (고농도)					평균값 = 상대편차백분율(RPD) =

구분	Response	Conc.	희석배수	최종농도 (mg/L)	농도 계산
(3) 방법바탕시료					농도값 =

구분	Response	Conc.	희석배수	최종농도 (mg/L)	회수율 계산
(4) 첨가시료 A (저농도)					회수율(%) =
(4) 첨가시료 B (고농도)					회수율(%) =

비번호	

제1회 환경측정분석사(실기)

검 정 분 야	수질	검 정 과 목	중금속
날 짜	2009.12.02	수 험 번 호	
성 명		좌 석 번 호	

〈수험자 주의 사항〉

○ 문제지에 성명, 수험번호, 좌석번호를 정확히 기입하시기 바랍니다.

○ '시험분석 보고서'에 성명과 수험번호를 쓰고, 답을 정확히 기재하시기 바랍니다.

○ 문항에 따라 배점이 다르니, 각 물음의 끝에 표시된 배점을 참고하시기 바랍니다.

○ 답안지는 2개(시험분석 보고서, 작업형 실기시험 답안지)이오니 확인하시기 바랍니다.

○ 문항 1, 2, 4번 답안은 별도로 제공된 작업형 실기시험 답안지에, 문항 3번 답안은 문제지 뒤에 첨부된 시험분석 보고서 답안지에 기입하시기 바랍니다.

○ 보고서의 작성은 주어진 각 항에 일치하도록 작성하며, 내용은 자유롭게 작성하시기 바랍니다.

환경측정분석사 수질분야
작업형 실기시험 문제지

01 **평가항목의 시험분석 일반사항에 대해 답하시오.**
10점

(1) 전처리과정을 포함한 실험과정을 적고, 발생 가능한 오차요인을 기술하시오.

(2) 기기분석 조건을 적고, 기기분석 시 주의하여야 할 사항을 기술하시오.

02 **평가항목의 시험 분석과정에 대해 답하시오.**
10점

(1) 표준용액 조제 및 검정곡선 작성 과정을 적고, 고려하여야 할 사항을 적으시오.

(2) 방법바탕시료의 시험 분석과정과 그 의미를 적으시오.

(3) 첨가시료를 이용한 회수율 시험 분석과정과 그 의미를 적으시오.

03 **[문항 2]에서 작성한 시험분석과정을 수행하고, 첨부의 양식에 따라 결과값를 작성하여 제출하시**
40점 **오. 제출 시 단계별로 기기 원 분석자료(raw data)를 함께 첨부하시오.**

(1) 제공된 <u>기지표준용액(100 mg/L)</u>을 이용하여 검정곡선을 작성하시오.

　– 기지표준용액을 단계별로 희석하여 검정곡선을 3points(blank 및 영점 제외) 작성하시오.

　– 제공된 엑셀프로그램(별도 컴퓨터 설치)을 사용하여 그 결과값을 구하고, raw data를 함께 제출
　　하시오.

(2) 제공된 <u>미지시료용액(저농도 및 고농도)</u>을 이용하여 그 농도값를 구하시오.

　– 실험에 앞서 미지시료용액은 반드시 10배 희석하여 농도값 측정용 미지시료 용액(저농도 및 고
　　농도)으로 제조하시오.

　– 농도값 측정용 미지시료용액을 전처리과정없이 기기분석하여 2회 반복한 농도값(소수점 이하
　　셋째 자리까지 표기)을 구하고, raw data를 함께 제출하시오.

　※ 농도범위 : 저농도(0.2−0.5 mg/L), 고농도(1−10 mg/L)

(3) 제공된 <u>증류수</u>를 이용하여 방법바탕시료의 농도값을 구하시오.

　– 증류수를 이용, 전처리과정(질산에 의한 분해)을 수행하여 농도값을 구하고, raw data를 함께
　　제출하시오.

(4) 제공된 <u>미지시료용액과 기지표준용액</u>을 이용하여 첨가시료(저농도 및 고농도)를 조제하고, 회수율을 구하시오.

- 농도값 측정용 미지표준용액(저농도 및 고농도)에 기지표준용액을 이용하여 1.0 mg/L 첨가시료를 조제하시오.

- 첨가시료에 전처리과정(질산에 의한 분해)을 수행하여 회수율을 구하고, raw data를 함께 제출하시오.

04 본인이 수행한 시험 분석과정과 그 결과값에 대해 종합적으로 고찰하시오.
10점

수험 번호 :	성명 :	평가 항목 : 중금속

시험분석 보고서

(주1) 본 내용은 작업형 실기시험에서 응시자가 설계할 수 있는 최대 시험분석과정을 나타낸 것으로, 실제 실험은 응시자가 제한된 시간을 감안하여 시험분석과정을 직접 설계하여 수행하시기 바랍니다.

(주2) 기기분석은 기기별로 주어진 시간 내(AA의 경우 1회 제공시간은 30분임)에서 수행하여야 하므로 주지하시기 바랍니다.

(주3) 모든 실험이 완료된 후 폐액은 주어진 장소에 처리하고, 초자기구 등은 수돗물을 이용하여 1차 세척하여 정리정돈하시기 바랍니다.

구분	Conc.	Response	계산값
(1) 검정곡선			$y=ax+b$ $a=$ $b=$ $r^2=$

구분	Response	Conc.	희석배수	최종농도 (mg/L)	농도 계산
(2) 미지시료 A (저농도)					평균값= 상대편차백분율(RPD)=
(2) 미지시료 B (고농도)					평균값= 상대편차백분율(RPD)=

구분	Response	Conc.	희석배수	최종농도 (mg/L)	농도 계산
(3) 방법바탕시료					농도값=

구분	Response	Conc.	희석배수	최종농도 (mg/L)	회수율 계산
(4) 첨가시료 A (저농도)					회수율(%)=
(4) 첨가시료 B (고농도)					회수율(%)=

비번호	

2회 수질환경(구술형)

□ 수질분야 일반항목

출제범위	출제문제
측정분석의 전문성 I [시료채취]	1. Lambert-Beer의 법칙은 무엇이고 이 방법의 제한성은 무엇인가?
	2. BOD의 대상은 탄소와 질소함유 유기물을 모두 포함하는지 여부와 그 이유를 설명하고 희석수의 구비요건을 설명하시오.
	3. 하수에 존재하는 질소의 형태, 질소순환, 여러 형태의 질소와 총질소의 관계를 설명하시오.
	4. 해산물 가공업 세척폐수에 대하여 부유물질을 측정하고자 할 때 주의하여야 할 점을 설명하시오.
측정분석의 이해도 II [시료분석]	1. 본인이 수행한 실험에 대해 종합적으로 고찰하시오. (시료 전처리, 기기 분석, 계산 및 평가 과정 등)
	2. 검출한계, 기기검출한계, 방법검출한계, 방법정량한계에 대해 간략하게 설명하시오.
측정분석의 전문성 III [정도관리]	1. 측정분석자에게 필요한 기초 지식이 화학, 생물, 물리, 약학, 환경과학, 전기 공학, 통계학, 의학 등 다양한 분야에 이르고 있다. 다음 질문에 답하시오. ① 지원자는 위의 기초지식 중에 어느 분야에 자신이 있는지 이야기하고 이 기초지식이 어떻게 중요하게 활용되는지를 설명하시오. ② 지원자는 위의 기초지식 중에 어느 분야에 가장 자신이 없으며 이로 인해 어려움을 겪었던 사례를 예를 들어 설명하시오.
	2. 바탕시료의 정도관리 요소로 방법바탕시료와 시약바탕시료의 차이를 설명하시오.
	3. 페놀 측정 시 클로로폼 추출법을 적용할 때 유의하여야 할 사항은 무엇인가?

□ 수질분야 중금속

출제범위	출제문제
측정분석의 전문성 I [시료채취]	1. 금속 성분 분석 시 시험자에게 한 대의 장비만을 구입해 준다면, 여러 장비들(AA, ICP, ICPMS, 수은 분석기 등) 중 고르고 선택 이유를 설명하시오.
	2. AA와 ICP의 측정방식의 차이점 및 물리, 화학적 간섭현상과 간섭 해소 방안을 설명하시오.
	3. 비소 중 비화수소의 AA 측정원리와 시약의 기능에 대해 설명하시오.
	3-1. 물속에 존재하는 비소의 화학종 및 비화수소 발생 반응 시 주의사항은?
	3-2. 수은의 냉증기환원법과 위의 비소 측정법의 차이점은?
측정분석의 이해도 II [시료분석]	1. 본인이 수행한 실험에 대해 종합적으로 고찰하시오. (전처리, 기기분석, 계산 및 평가 과정 등)
	2. 시료분석 시 여러 시험방법 중 최선의 분석방법 선택을 위해 고려해야 할 사항은?
측정분석의 전문성 III [정도관리]	1. 본인이 다루어 본 시료, 성분 등의 실험 경력에 대해 얘기해 보십시오.
	2. 바탕시험값의 중요성 및 시약은 어떤 규격의 제품을 사용해야 하는지 설명하시오.
	3. 전처리 기구, 여과지, 일회용품 세척, 보관방법을 설명하시오.

□ 수질분야 유기물질

출제범위	출제문제
측정분석의 전문성 I [시료채취]	1. 가스크로마토그래프를 이용 시 시료의 측정 순서, 시료채취 및 기기 분석 과정 중 어떤 단계에서 가장 큰 오차가 발생하는지 경험을 통해 설명하시오.
	2. 검정곡선의 작성방법인 내부표준물질법, 절대검량선법, 표준물질첨가법의 사용방법과 장·단점을 설명하시오.
	3. VOC 시료채취 시 주의할 사항과 P&T와 Head Space 측정방법을 비교하여 설명하시오.
측정분석의 이해도 II [시료분석]	1. 본인이 수행한 실험에 대해 종합적으로 고찰하시오. (시료채취, 운송 및 보관, 표준용액 준비, 시료전처리, 검정곡선 기기분석 등)
	2. 바탕시험값이 높게 나오는 원인에 대해 설명하시오.
	3. 검출한계와 검출한계를 결정할 때 s/n비 법과 σ법에 대해서 설명하시오.
측정분석의 전문성 III [정도관리]	1. 유기물질 분석과 관련하여 본인이 수행한 분석 경험에 대해 답하시오.
	2. 분석자 교체, 실험방법 변경 시 분석자의 수행능력검증을 위한 방법에 대해 설명하시오.
	3. 측정분석자는 정직, 성실, 책임감이 있어야 한다. 다음 질문에 답하시오. ① 측정분석자가 기본적으로 갖추어야 할 소양으로 위의 세 가지 중 가장 중요하다고 생각하는 순서대로 이야기하고 그 이유를 설명하시오. ② 측정분석자로서 정직성을 지킴으로써 어려움을 겪었던 사례가 있으면 예를 들어 설명하시오. ③ 우리나라의 측정분석자는 위의 소양을 얼마나 갖추었다고 생각하는지를 이야기해보시오.

2회 수질환경(작업형)

작업형 실기시험 보고서

수험 번호 :

평가 항목 : 일반항목
(총질소 : 흡광광도법)

환경측정분석사 수질분야
작업형 실기시험 문제지

〈수험자 요구 사항〉

- 흡광광도법에 따라 총질소 분석을 수행한다.
- 제공된 미지시료를 시험 · 분석하여 농도값을 구한다.
- 제공된 미지시료 및 표준용액을 이용하여 첨가시료를 조제하고, 시험 · 분석하여 회수율을 구한다.
- 최종분석결과는 정리하여 제공된 "시험분석 보고서" 양식에 기록한다.

---

01 평가항목의 시험분석 일반사항에 대해 답하시오.
5점

(1) 시약의 제조 과정 및 흡광광도법의 원리에 대해 상세히 적고, 시약 제조 시 고려하여야 할 사항을 기술하시오.

(2) 전처리과정을 포함한 실험과정을 적고, 발생 가능한 오차요인을 기술하시오.

(3) 기기분석 조건을 적고, 기기분석 시 주의하여야 할 사항을 기술하시오.

02 평가항목의 시험 분석과정에 대해 답하시오.
5점

(1) 표준용액 제조 및 검정곡선 작성 과정을 상세히 적고, 고려하여야 할 사항을 적으시오.

(2) 첨가시료를 이용한 회수율 시험 분석과정의 의미를 적으시오.

03
40점

[문항 2]에서 작성한 시험분석과정을 수행하고, <u>첨부 양식</u>에 따라 결과값을 작성하여 제출하시오. 제출 시 단계별로 기기 원 분석자료(raw data)를 함께 첨부하시오.

> ※ 실험에 앞서 제공된 시료를 반드시 증류수로 200배 희석(5 mL→1 L)하여 <u>미지시료</u>를 제조하시오(단, 미지시료의 농도 범위는 1.5~35 mg/L로 추가 희석은 수험자의 판단 하에 수행한다.).
> ※ 또한, 미지시료 농도가 0.5 mg/L 증가하도록 미지시료에 표준용액을 첨가하여 <u>첨가시료</u>를 제조하시오.

(1) 제공된 표준용액(1,000 mg/L)을 이용하여 검정곡선을 작성하시오.
  - 검정곡선 결과값을 구하고, raw data를 함께 제출하시오.
(2) 제공된 미지시료에 대한 농도값(mg/L)를 구하시오.
  - 미지시료는 전처리 및 기기분석하여 농도값(mg/L, 소수점 이하 셋째 자리까지 표기) 및 상대표준편차(%)를 구하고, raw data를 함께 제출하시오. 이때, 산출식 및 산출과정에 대해 자세히 기술하시오.
(3) 첨가시료는 전처리 및 기기분석하여 농도값(mg/L, 소수점 이하 셋째 자리까지 표기), 회수율(%) 및 상대편차백분율(%)를 구하고, raw data를 함께 제출하시오. 이때, 산출식 및 산출과정에 대해 자세히 기술하시오.
(4) 기타 미지시료의 농도 산정을 위해 고려한 사항이 있을 경우 이에 대해 기술하고 raw data를 함께 제출하시오.

04
10점

응시자가 수행한 시험 분석과정과 그 결과값에 대해 종합적으로 고찰하시오.

05
10점

각 응시실 감독자가 응시자의 시험 분석과정에 대한 현장숙련정도 평가(시험방법의 숙지, 저울 등 시험기구 사용의 숙련 정도, 피펫 등 유리기구 사용의 숙련 정도, 시약 등의 취급 및 제조의 숙련 정도, 분석기기 사용의 숙련 정도) 실시

(응시자는 5번 문항 답안을 작성하지 않습니다.)

<table>
<tr><td>수험 번호 :</td><td>평가 항목 : 일반항목
(총질소 : 흡광광도법)</td></tr>
</table>

시험분석 보고서

(주1) 본 내용은 작업형 실기시험에서 응시자가 설계할 수 있는 최대 시험분석과정을 나타낸 것으로, 실제 실험은 응시자가 제한된 시간 내 시험분석과정을 직접 설계하여 수행하시기 바랍니다.

(주2) 기기분석은 기기별로 주어진 시간 내(UV의 경우 1회 제공시간은 30분임)에서 수행하여야 하므로 주지하시기 바랍니다.

(주3) 모든 실험이 완료된 후 폐액은 주어진 장소에 처리하고, 초자기구 등은 수돗물을 이용하여 1차 세척하여 정리정돈하시기 바랍니다.

구분	농도(mg/L)	흡광도	계산값
(1) 검정곡선			$y=ax+b$ $a=$ $b=$ $r^2=$

구분	흡광도	농도 (mg/L)	희석배수	최종농도 (mg/L)	농도값 계산
(2) 미지시료					평균값 = 상대표준편차(RSD%) =

구분	흡광도	농도 (mg/L)	희석배수	최종농도 (mg/L)	농도값 계산
(3) 첨가시료					평균값 = 회수율(%) = 상대편차백분율(RPD%) =

작업형 실기시험 보고서

수험 번호 :

평가 항목 : 중금속
(카드뮴 : 질산에 의한 분해)

환경측정분석사 수질분야
작업형 실기시험 문제지

〈수험자 요구 사항〉

- 전처리는 질산에 의한 분해법을 수행한다.
- 제공된 미지시료를 시험 · 분석하여 농도값을 구한다.
- 제공된 미지시료 및 표준용액을 이용하여 첨가시료를 조제하고, 시험 · 분석하여 회수율을 구한다.
- 최종분석결과는 정리하여 제공된 "시험분석 보고서" 양식에 기록한다.

---

01 평가항목의 시험분석 일반사항에 대해 답하시오.
5점
(1) 전처리과정을 포함한 실험과정을 적고, 발생 가능한 오차요인을 기술하시오.
(2) 기기분석 조건을 적고, 기기분석 시 주의하여야 할 사항을 기술하시오.

02 평가항목의 시험 분석과정에 대해 답하시오.
5점
(1) 표준용액 제조 및 검정곡선 작성 과정을 상세히 적고, 고려하여야 할 사항을 적으시오.
(2) 첨가시료를 이용한 회수율 시험 분석과정의 의미를 적으시오.

03
40점

[문항 2]에서 작성한 시험분석과정을 수행하고, <u>첨부 양식</u>에 따라 결과값을 작성하여 제출하시오. 제출 시 단계별로 기기 원 분석자료(raw data)를 함께 첨부하시오.

> ※ 실험에 앞서 제공된 시료를 반드시 증류수로 100배 희석(5 mL→500 mL)하여 <u>미지시료</u>를 제조하시오(단, 미지시료의 농도 범위는 mg/L로 추가 희석은 수험자의 판단 하에 수행한다.).
> ※ 또한, 미지시료 농도가 0.5 mg/L 증가하도록 미지시료에 표준용액을 첨가하여 <u>첨가시료</u>를 제조하시오.

(1) 제공된 표준용액(1,000 mg/L)을 이용하여 검정곡선을 작성하시오.
　　– 검정곡선 결과값을 구하고, raw data를 함께 제출하시오.

(2) 제공된 미지시료에 대한 농도값을 구하시오.
　　– 미지시료는 전처리 후 3회 기기분석하여 농도값(mg/L, 소수점 이하 셋째 자리까지 표기) 및 상대표준 편차(%)를 구하고, raw data를 함께 제출하시오. 이때, 산출식 및 산출과정에 대해 자세히 기술하시오.

(3) 첨가시료는 전처리 후 2회 기기분석하여 농도값(mg/L, 소수점 이하 셋째 자리까지 표기), 회수율 (%) 및 상대편차백분율(%)을 구하고, raw data를 함께 제출하시오. 이때, 산출식 및 산출과정에 대해 자세히 기술하시오.

(4) 기타 미지시료의 농도 산정을 위해 고려한 사항이 있을 경우 이에 대해 기술하고 raw data를 함께 제출하시오.

04
10점

응시자가 수행한 시험 분석과정과 그 결과값에 대해 종합적으로 고찰하시오.

05
10점

각 응시실 감독자가 응시자의 시험 분석과정에 대한 현장숙련정도 평가(시험방법의 숙지, 저울 등 시험기구 사용의 숙련 정도, 피펫 등 유리기구 사용의 숙련 정도, 시약 등의 취급 및 제조의 숙련 정도, 분석기기 사용의 숙련 정도) 실시

(응시자는 5번 문항 답안을 작성하지 않습니다.)

수험 번호 :	평가 항목 : 중금속 (카드뮴 : 질산에 의한 분해)

시험분석 보고서

(주1) 본 내용은 작업형 실기시험에서 응시자가 설계할 수 있는 최대 시험분석과정을 나타낸 것으로, 실제 실험은 응시자가 제한된 시간 내 시험분석과정을 직접 설계하여 수행하시기 바랍니다.

(주2) 기기분석은 기기별로 주어진 시간 내(AA의 경우 1회 제공시간은 30분임)에서 수행하여야 하므로 주지하시기 바랍니다.

(주3) 모든 실험이 완료된 후 폐액은 주어진 장소에 처리하고, 초자기구 등은 수돗물을 이용하여 1차 세척하여 정리정돈하시기 바랍니다.

구분	농도(mg/L)	흡광도	계산값
(1) 검정곡선			$y = ax + b$ $a =$ $b =$ $r^2 =$

구분	흡광도	농도 (mg/L)	희석배수	최종농도 (mg/L)	농도값 계산
(2) 미지시료					평균값 = 상대표준편차(RSD%) =

구분	흡광도	농도 (mg/L)	희석배수	최종농도 (mg/L)	농도값 계산
(3) 첨가시료					평균값 = 회수율(%) = 상대편차백분율(RPD%) =

작업형 실기시험 보고서

수험 번호 :

평가 항목 : 유기물질
(PCE : 용매추출법)

환경측정분석사 수질분야
작업형 실기시험 문제지

〈수험자 요구 사항〉

- 전처리는 용매추출법에 의해 수행한다.
- 제공된 미지시료를 시험 · 분석하여 농도값을 구한다.
- 제공된 미지시료 및 표준용액을 이용하여 첨가시료를 조제하고, 시험 · 분석하여 회수율을 구한다.
- 최종 분석결과는 정리하여 제공된 "시험분석 보고서" 양식에 기록한다.

01
5점

평가항목의 시험분석 일반사항에 대해 답하시오.

(1) 전처리과정을 포함한 실험과정을 적고, 발생 가능한 오차요인을 기술하시오.

(2) 기기분석 조건을 적고, 기기분석 시 주의하여야 할 사항을 기술하시오.

02
5점

평가항목의 시험 분석과정에 대해 답하시오.

(1) 표준용액 제조 및 검정곡선(3~5 point) 작성 과정을 상세히 적고, 고려하여야 할 사항을 적으시오.

(2) 첨가시료를 이용한 회수율 시험 분석과정의 의미를 적으시오.

03 [문항 2]에서 작성한 시험분석과정을 수행하고, **첨부 양식(시험분석보고서)에 따라 결과값을 작성**
40점 **하여 제출하시오.** 제출 시 단계별로 기기 원 분석자료(raw data)를 함께 첨부하시오.

> ※ 실험에 앞서 제공된 시료를 반드시 증류수로 20,000배 희석하여 <u>미지시료</u>를 제조하시오(단,
> 미지시료의 농도 범위는 0.02~0.2 mg/L로 추가 희석은 수험자의 판단 하에 수행한다.).
> ※ 또한, 미지시료의 농도가 0.05 mg/L 증가하도록 미지시료에 표준용액(100 mg/L)을 첨가하
> 여 <u>첨가시료</u>를 제조하시오.

(1) 제공된 표준용액(1,000 mg/L)을 이용하여 검정곡선을 작성하시오.
  - 검정곡선 결과값을 구하고, raw data를 함께 제출하시오.
(2) 제공된 미지시료에 대한 농도값를 구하시오.
  - 미지시료는 전처리 및 기기분석하여 농도값(mg/L, 소수점 이하 셋째 자리까지 표기) 및 상대표
    준편차(%)를 구하고, raw data를 함께 제출하시오. 이때, 산출식 및 산출과정에 대해 자세히
    기술하시오.
(3) 첨가시료는 전처리 및 기기분석하여 농도값(mg/L, 소수점 이하 셋째 자리까지 표기), 회수율(%)
  및 상대편차백분율(%)을 구하고, raw data를 함께 제출하시오. 이때, 산출식 및 산출과정에 대해
  자세히 기술하시오.
(4) 기타 미지시료의 농도 산정을 위해 고려한 사항이 있을 경우 이에 대해 기술하고 raw data를 함께
  제출하시오.

04 응시자가 수행한 시험 분석과정과 그 결과값에 대해 종합적으로 고찰하시오.
10점

05 각 응시실 감독자가 응시자의 시험 분석과정에 대한 현장숙련정도 평가(시험방법의 숙지, 저울 등
10점 시험기구 사용의 숙련 정도, 피펫 등 유리기구 사용의 숙련 정도, 시약 등의 취급 및 제조의 숙련
정도, 분석기기 사용의 숙련 정도) 실시

(응시자는 5번 문항 답안을 작성하지 않습니다.)

수험 번호 :

평가 항목 : 유기물질
(PCE : 용매추출법)

시험분석 보고서

(주1) 본 내용은 작업형 실기시험에서 응시자가 설계할 수 있는 최대 시험분석과정을 나타낸 것으로, 실제 실험은 응시자가 제한된 시간 내 시험분석과정을 직접 설계하여 수행하시기 바랍니다.

(주2) 기기분석은 기기별로 주어진 시간 내(GC의 경우 1회 제공시간은 90분임)에서 수행하여야 하므로 주지하시기 바랍니다.

(주3) 모든 실험이 완료된 후 폐액은 주어진 장소에 처리하고, 초자기구 등은 수돗물을 이용하여 1차 세척하여 정리정돈하시기 바랍니다.

구분	농도(mg/L)		면적(Area)	계산값
(1) 검정곡선				$y = ax + b$ $a =$ $b =$ $r^2 =$

구분	면적 (Area)	농도 (mg/L)	희석배수	최종농도 (mg/L)	농도값 계산
(2) 미지시료					평균값 = 상대표준편차(RSD%) =

구분	면적 (Area)	농도 (mg/L)	희석배수	최종농도 (mg/L)	농도값 계산
(3) 첨가시료					평균값 = 회수율(%) = 상대편차백분율(RPD%) =

3회 수질환경(구술형)

□ 수질분야(일반항목) – A형

출제범위	출제문제
측정분석의 전문성	1. BOD의 측정원리와 간섭물질 및 식종수에 대해 각각 설명하십시오.
	2. pH 측정원리와 표준용액의 보존 기간 및 보존용기에 대하여 설명하십시오.
	3. 시료채취 시 유의사항에 대하여 설명하십시오.
	4. 기타 일반항목 관련 질문
실기시험의 이해도	1. 본인이 수행한 실험에 대해 종합적으로 고찰하십시오. 　– 시약 및 표준액 조제 　– 기기 분석 　– 계산 및 평가 과정 2. 실험보고서 작성 시 반드시 기입해야 하는 항목에 대하여 설명하십시오.
측정분석자의 기본소양	1. 분석상 발생하는 계통오차에는 기기오차, 방법오차, 개인오차가 있습니다. 분석경험을 바탕으로 이러한 오차의 의미와 오차를 줄일 수 있는 방법에 대해 설명하십시오.
	2. 실험실의 정확도 및 정밀도 시험을 실시할 경우 사용하는 인증표준물질(CRM, certified reference material)의 사용목적에 대하여 말해보십시오.
	3. 환경모니터링을 위한 시료분석의 측정결과에 대한 보증을 위해서는 환경 모니터링 계획 단계부터 실험실 정도보증(laboratory quality assurance)을 수행하여야 합니다. 환경모니터링의 단계별 실험실정도보증 요소에 대해 설명하십시오.
	4. 기타 일반항목 관련 질문

□ 수질분야(일반항목) – B형

출제범위	출제문제
측정분석의 전문성	1. COD(과망간산칼륨법) 분석과정과 황산은 분말을 사용하는 이유를 설명하십시오.
	2. 노말헥산 추출물질 측정과정 및 시료채취에 대해 설명하십시오.
	3. 시료채취 시 유의사항에 대하여 설명하십시오.
	4. 기타 일반항목 관련 질문
실기시험의 이해도	1. 본인이 수행한 실험에 대해 종합적으로 고찰하십시오. – 시약 및 표준액 조제 – 기기 분석 – 계산 및 평가 과정 2. 실험보고서 작성 시 반드시 기입해야 하는 항목에 대하여 설명하십시오.
측정분석자의 기본소양	1. 분석장비의 성능을 평가할 수 있는 인자를 열거하십시오.
	2. 정도관리(QA/QC)를 최근에는 QM이라고 표시하는 경우가 늘고 있습니다. 본인이 생각하는 정도관리는 어떤 것들을 수행해야 하는지 설명하십시오.
	3. 정도관리의 평가기준으로 Z값(Z–score)을 사용하여 기관을 평가하는데 고전적인 통계방법으로 Z–score를 구하는 방법을 설명하십시오.
	4. 기타 일반항목 관련 질문

□ 수질분야(중금속) – A형

출제범위	출제문제
측정분석의 전문성	1. AAS 분석 시 시료 중 공존물이 존재할 경우 대처방안은 무엇입니까?
	2. ICP – AES(유도결합플라즈마 원자발광분석법) 분석법의 측정원리와 AAS(원자흡수분광광도법) 대비 장점을 설명하십시오.
	3. 중금속 분석대상 시료의 성상별 특성을 고려한 전처리 방법에 대해 구술하십시오.
	4. 기타 중금속 관련 질문
실기시험의 이해도	1. 본인이 수행한 실험에 대해 종합적으로 고찰하십시오. (전처리, 기기분석, 계산 및 평가 과정 등)
측정분석자의 기본소양	1. 화학물질 취급 시 일반적인 주의사항에 대해 설명하십시오.
	2. 수용액 속의 농도 표시법을 예를 들어 설명한 후 특징을 구술하십시오.
	3. 본인이 다루어 본 시료, 성분 등의 실험 경력에 대해 얘기해 보십시오.
	4. 기타 중금속 관련 질문

□ 수질분야(중금속) – B형

출제범위	출제문제
	답안
측정분석의 전문성	1. 검정곡선의 검증방법에 대해 설명하십시오.
	2. AAS 간섭현상과 해소방안을 설명하십시오.
	3. 분석대상 시료의 성상별 특성을 고려한 전처리 방법에 대해 구술하십시오.
	4. 기타 중금속 관련 질문
실기시험의 이해도	1. 본인이 수행한 실험에 대해 종합적으로 고찰하십시오. (전처리, 기기분석, 계산 및 평가 과정 등)
측정분석자의 기본소양	1. 화학물질 취급 시 일반적인 주의사항에 대해 설명하십시오.
	2. 완충용액(Buffer solution)에 대해 설명하십시오.
	3. 본인이 다루어 본 시료, 성분 등의 실험 경력에 대해 얘기해 보십시오.
	4. 기타 중금속 관련 질문

☐ 수질분야(유기물질) – A형

출제범위	출제문제
측정분석의 전문성	1. 유기인계 농약을 분석할 수 있는 가능한 추출 방법들을 열거하고 그 방법들의 특징을 간단히 설명하십시오.
	2. 기체크로마토그래피에서 겹쳐진 피크를 분리하기 위한 방법에 대해 설명하십시오.
	3. 유기 분석을 위해서 GC(또는 GC/MS)를 분석할 때, 샘플에 internal standard를 첨가하는 경우가 많습니다. internal standard와 일반 standard와의 화학적 차이점은 무엇이고, internal standard를 첨가하는 이유를 설명하십시오.
	4. 기타 유기물질 관련 질문
실기시험의 이해도	1. 탄천 중의 유기인계 농약 오염도를 분석하고자 합니다. 시료 채취부터 결과 보고까지를 도식화하여 설명하십시오. 각 단계마다 검토해야 할 사항들은 무엇입니까?(시료채취, 운송 및 보관, 표준용액 준비, 시료전처리, 검정곡선 기기분석 등)
측정분석자의 기본소양	1. 정밀도(Precision)와 정확도(Accuracy)를 논하고 기기분석 시 구하는 방법을 간단히 열거하십시오.
	2. 방법검출한계와 방법정량한계에 대해 논하고 기기분석 시 구하는 방법을 간단히 열거하십시오.
	3. 유기물질 분석과 관련하여 본인이 수행한 분석 경험에 대해 답하십시오.
	4. 기타 유기물질 관련 질문

□ 수질분야(유기물질) - B형

출제범위	출제문제
측정분석의 전문성	1. 유기인계 농약을 분석할 수 있는 가능한 추출 방법들을 열거하고 그 방법들의 특징을 간단히 설명하십시오.
	2. 기체크로마토그래프를 구성하고 있는 기기구성 명칭을 말하고 그 역할을 간단히 설명하십시오.
	3. 본 실험에서는 표준용액의 검정곡선을 작성해서 정량하였습니다. 동일한 매질에 표준물질을 첨가한 후 추출과정을 거쳐 검정곡선을 작성하는 매질첨가 검정곡선 방법과의 차이점에 대해서 설명하십시오.
	4. 기타 유기물질 관련 질문
실기시험의 이해도	1. 탄천 중의 유기인계 농약 오염도를 분석하고자 합니다. 시료 채취부터 결과 보고까지를 도식화하여 설명하십시오. 각 단계마다 검토해야 할 사항들은 무엇입니까?(시료채취, 운송 및 보관, 표준용액 준비, 시료전처리, 검정곡선 기기분석 등)
측정분석자의 기본소양	1. 정밀도(Precision)와 정확도(Accuracy)를 논하고 기기분석 시 구하는 방법을 간단히 열거하십시오.
	2. 방법검출한계와 방법정량한계에 대해 논하고 기기분석 시 구하는 방법을 간단히 열거하십시오.
	3. 유기물질 분석과 관련하여 본인이 수행한 분석 경험에 대해 답하십시오.
	4. 기타 유기물질 관련 질문

ENVIRONMENTAL MEASUREMENT

제3회 환경측정분석사(실기)

검 정 분 야	수질	검 정 과 목	일반항목
날 짜	2011.09.17	수 험 번 호	
성 명		좌 석 번 호	

〈수험자 주의 사항〉

○ 문제지 1page에 성명, 수험번호, 좌석번호를 기입하시고, 2page에 수험번호를 기입하시기 바랍니다.

○ '시험분석 보고서'에 수험번호를 쓰고, 답을 정확히 기재하시기 바랍니다.

○ 문항에 따라 배점이 다르니, 각 물음의 끝에 표시된 배점을 참고하시기 바랍니다.

○ 답안지는 2개(시험분석 보고서, 작업형 실기시험 답안지)이오니 확인하시기 바랍니다.

○ 문항 1, 2, 4번 답안과 문항 3번의 산출과정은 작업형 실기시험 답안지에, 문항 3번 답안은 시험분석 보고서에 기입하시기 바랍니다.

○ 답안지의 작성은 주어진 각 항에 일치하도록 작성하며, 내용은 자유롭게 작성하시기 바랍니다.

<table>
<tr><td>수험 번호 :</td><td>평가 항목 : 일반항목
(인산염인 : 흡광광도법)</td></tr>
</table>

환경측정분석사 수질분야
작업형 실기시험 문제지

――――― 〈수험자 요구 사항〉 ―――――

― 흡광광도법(이염화주석환원법)에 따라 인산염인 분석을 수행한다.

― 측정용 미지시료를 시험ㆍ분석하여 농도값을 구한다.

― 측정용 미지시료 및 표준용액을 이용하여 첨가시료를 조제하고, 시험ㆍ분석하여 회수율을 구한다.

― 최종분석결과는 정리하여 제공된 "시험분석 보고서" 양식에 기록한다.

01 평가항목의 시험분석 일반사항에 대해 답하시오.
5점

(1) 흡광광도법의 원리에 대해 간략히 쓰시오.

(2) 시약의 제조 과정 및 발색 원리에 대해 간략히 적으시오.

(3) 전처리과정을 포함한 전체 실험과정을 적고, 발생 가능한 오차요인을 기술하시오.

02 평가항목의 시험 분석과정에 대해 답하시오.
5점

(1) 표준용액 조제 및 검정곡선 작성(영점제외 3 points) 과정을 상세히 적고, 고려하여야 할 사항을 적으시오.

(2) 기기분석 조건을 적고, 기기분석 시 주의하여야 할 사항을 기술하시오.

03
40점

[문항1, 2]에서 작성한 시험분석과정을 수행하고, 시험분석보고서 양식에 따라 결과값을 작성하여 제출하시오. 제출 시 단계별로 기기 원 분석자료(raw data)를 함께 첨부하시오.

(1) 제공된 표준용액(100 mg/L)을 이용하여 검정곡선(영점 제외 3points)을 작성하시오.
- 검정곡선 결과값을 구하고, raw data를 함께 제출하시오.

(2) 측정용 미지시료에 대한 농도값(mg/L)을 구하시오.
- 실험에 앞서 제공된 시료를 반드시 증류수로 200배 희석하여 측정용 미지시료를 조제하시오.
(단, 측정용 미지시료의 농도 범위는 2.0~10.0 mg/L로 추가 희석은 수험자의 판단하에 수행한다)
- 발색 시료는 측정용 미지시료를 분취하여 3개 조제하시오.
- 측정용 미지시료를 기기분석하여 농도값(mg/L, 소수점 이하 둘째 자리까지 표기) 및 상대표준편차(%)를 구하고, raw data를 함께 제출하시오.
- 산출식 및 산출과정을 답안지에 자세히 기술하시오.

(3) 첨가시료에 대한 회수율을 구하시오.
- 첨가시료는 측정용 미지시료에 표준용액을 첨가하여 미지시료 농도가 3.0 mg/L 증가하도록 조제하시오.
- 발색 시료는 첨가시료를 분취하여 3개 조제하시오.
- 첨가시료를 분석하여 농도값(mg/L, 소수점 이하 둘째 자리까지 표기), 상대표준편차(%), 회수율(%)을 구하고, raw data를 함께 제출하시오.
- 첨가시료의 조제과정, 회수율의 산출식 및 산출과정을 답안지에 자세히 기술하시오.

(4) 기타 미지시료의 농도 산정을 위해 고려한 사항(ex. 방법바탕시료)이 있을 경우 이에 대해 기술하고 raw data를 함께 제출하시오.

04
10점

응시자가 수행한 시험 분석과정과 그 결과값에 대해 종합적으로 고찰하시오.

05
10점

각 응시실 감독자가 응시자의 시험 분석과정에 대한 현장숙련정도 평가(시험 방법의 숙지, 저울 등 시험기구 사용의 숙련 정도, 피펫 등 유리기구 사용의 숙련 정도, 시약 등의 취급 및 제조의 숙련 정도, 분석기기 사용의 숙련 정도) 실시

(응시자는 5번 문항 답안을 작성하지 않습니다.)

수험 번호 :		평가 항목 : 일반항목 (인산염인 : 흡광광도법)

시험분석 보고서

(주1) 본 내용은 작업형 실기시험에서 응시자가 설계할 수 있는 최대 시험분석과정을 나타낸 것으로, 실제 실험은 응시자가 제한된 시간 내 시험분석과정을 직접 설계하여 수행하시기 바랍니다.

(주2) 기기분석은 기기별로 주어진 시간 내(UV의 경우 1회 제공시간은 30분임)에서 수행하여야 하므로 주지하시기 바랍니다.

(주3) 모든 실험이 완료된 후 폐액은 주어진 장소에 처리하고, 유리기구 등은 수돗물을 이용하여 1차 세척하여 정리정돈하시기 바랍니다.

구분	농도(mg/L)			흡광도	계산값
(1) 검정곡선					$y = ax + b$ $a =$ $b =$ $r^2 =$

구분	흡광도	농도 (mg/L)	희석배수	최종농도 (mg/L)	농도값 계산
(2) 측정용 미지시료 (발색시료수 : 개)					평균값 = 상대표준편차(RSD%) =

구분	표준용액 첨가량 /첨가시료량 (mL)	흡광도	농도 (mg/L)	희석배수	최종농도 (mg/L)	농도값 계산
(3) 첨가시료 (발색시료수 : 개)	/					평균값(mg/L) = 상대표준편차(RSD%) = 회수율(%) =

좌석번호	

제3회 환경측정분석사(실기)

검 정 분 야	수질	검 정 과 목	중금속
날 짜	2011.09.17	수 험 번 호	
성 명		좌 석 번 호	

〈수험자 주의 사항〉

○ 문제지 1page에 성명, 수험번호, 좌석번호를 기입하시고, 2page에 수험번호를 기입하시기 바랍니다.

○ '시험분석 보고서'에 수험번호를 쓰고, 답을 정확히 기재하시기 바랍니다.

○ 문항에 따라 배점이 다르니, 각 물음의 끝에 표시된 배점을 참고하시기 바랍니다.

○ 답안지는 2개(시험분석 보고서, 작업형 실기시험 답안지)이오니 확인하시기 바랍니다.

○ 문항 1, 2, 4번 답안과 문항 3번의 산출과정은 작업형 실기시험 답안지에, 문항 3번 답안은 시험분석 보고서에 기입하시기 바랍니다.

○ 답안지의 작성은 주어진 각 항에 일치하도록 작성하며, 내용은 자유롭게 작성하시기 바랍니다.

<table>
<tr><td>수험 번호 :</td><td>평가 항목 : 중금속
(아연 : 원자흡수분광광도법)</td></tr>
</table>

환경측정분석사 수질분야
작업형 실기시험 문제지

〈수험자 요구 사항〉

- 원자흡수분광광도법(AAS)에 따라 아연 분석을 수행한다.
- 전처리는 수질오염공정시험기준의 질산에 의한 산분해법을 수행한다.(단, 산의 농도에 의한 영향은 무시)
- 측정용 미지시료를 전처리 없이 시험·분석하여 농도값을 구한다.
- 측정용 미지시료 및 표준용액을 이용하여 첨가시료를 조제하고, 전처리 후 시험·분석하여 회수율을 구한다.
- 최종분석결과는 정리하여 제공된 "시험분석 보고서" 양식에 기록한다.

---

01 평가항목의 시험분석 일반사항에 대해 답하시오.
5점

(1) 원자흡수분광광도법의 원리에 대해 간략히 기술하시오.

(2) 전처리과정을 포함한 전체 실험과정을 적고, 발생 가능한 오차요인을 기술하시오.

02 평가항목의 시험 분석과정에 대해 답하시오.
5점

(1) 표준용액 조제 및 검정곡선 작성(영점제외 4points) 과정을 상세히 적고, 고려하여야 할 사항을 적으시오.

(2) 기기분석 조건을 적고, 기기분석 시 주의하여야 할 사항을 기술하시오.

03
40점

[문항1, 2]에서 작성한 시험분석과정을 수행하고, 시험분석보고서 양식에 따라 결과값을 작성하여 제출하시오. 제출 시 단계별로 기기 원 분석자료(raw data)를 함께 첨부하시오.

(1) 제공된 표준용액(1,000 mg/L)을 이용하여 검정곡선을 작성(영점제외 4points)하시오.
   - 검정곡선 결과값을 구하고, raw data를 함께 제출하시오.

(2) 측정용 미지시료에 대한 농도값(mg/L)을 구하시오.
   - 실험에 앞서 제공된 시료를 반드시 증류수로 100배 희석하여 측정용 미지시료를 조제하시오. (단, 측정용 미지시료의 농도 범위는 1.0~5.0 mg/L로 추가 희석은 수험자의 판단 하에 수행한다)
   - 측정용 미지시료를 전처리과정 없이 기기분석 하여 3회 반복한 농도값(mg/L, 소수점 이하 둘째 자리까지 표기) 및 상대표준편차(%)를 구하고, raw data를 함께 제출하시오.
   - 산출식 및 산출과정을 답안지에 자세히 기술하시오.

(3) 첨가시료에 대한 회수율을 구하시오.
   - 첨가시료는 측정용 미지시료에 표준용액을 첨가하여 미지시료 농도가 2.0 mg/L 증가하도록 조제하시오.
   - 첨가시료 100 mL를 취해서 3개의 킬달플라스크에 각각 넣은 후, 전처리과정(질산에 의한 분해)을 수행하고 최종액량을 100 mL로 하시오.
   - 전처리한 첨가시료 3개를 기기분석 하여 농도값(mg/L, 소수점 이하 둘째 자리까지 표기), 상대표준편차(%), 회수율(%)을 구하고, raw data를 함께 제출하시오.
   - 첨가시료의 조제과정, 회수율의 산출식 및 산출과정을 답안지에 자세히 기술하시오.

(4) 기타 미지시료의 농도 산정을 위해 고려한 사항(ex. 방법바탕시료)이 있을 경우 이에 대해 기술하고 raw data를 함께 제출하시오.

04
10점

응시자가 수행한 시험 분석과정과 그 결과값에 대해 종합적으로 고찰하시오.

05
10점

각 응시실 감독자가 응시자의 시험 분석과정에 대한 현장숙련정도 평가(시험 방법의 숙지, 저울 등 시험기구 사용의 숙련 정도, 피펫 등 유리기구 사용의 숙련 정도, 시약 등의 취급 및 제조의 숙련 정도, 분석기기 사용의 숙련 정도) 실시

(응시자는 5번 문항 답안을 작성하지 않습니다.)

<table>
<tr><td>수험 번호 :</td><td>평가 항목 : 중금속
(아연 : 원자흡수분광광도법)</td></tr>
</table>

시험분석 보고서

(주1) 본 내용은 작업형 실기시험에서 응시자가 설계할 수 있는 최대 시험분석과정을 나타낸 것으로, 실제 실험은 응시자가 제한된 시간 내 시험분석과정을 직접 설계하여 수행하시기 바랍니다.

(주2) 기기분석은 기기별로 주어진 시간 내(AA의 경우 1회 제공시간은 30분임)에서 수행하여야 하므로 주지하시기 바랍니다.

(주3) 모든 실험이 완료된 후 폐액은 주어진 장소에 처리하고, 유리기구 등은 수돗물을 이용하여 1차 세척하여 정리정돈하시기 바랍니다.

구분	농도(mg/L)		흡광도		계산값
(1) 검정곡선					$y = ax + b$
					$a =$
					$b =$
					$r^2 =$

구분	흡광도	농도 (mg/L)	희석배수	최종농도 (mg/L)	농도값 계산
(2) 측정용 미지시료 (분석횟수 : 회)					평균값(mg/L) = 상대표준편차(RSD%) =

구분	표준용액 첨가량 /첨가시료량 (mL)	흡광도	농도 (mg/L)	희석배수	최종농도 (mg/L)	농도값 계산
(3) 첨가시료 (전처리한 첨가시료수 : 개)						평균값(mg/L) = 상대표준편차(RSD%) = 회수율(%) =

좌석번호	

제3회 환경측정분석사(실기)

검 정 분 야	수질	검 정 과 목	유기물질
날 짜	2011.09.18	수 험 번 호	
성 명		좌 석 번 호	

──〈수험자 주의 사항〉──

○ 문제지 1page에 성명, 수험번호, 좌석번호를 기입하시고, 2page에 수험번호를 기입하시기 바랍니다.

○ '시험분석 보고서'에 수험번호를 쓰고, 답을 정확히 기재하시기 바랍니다.

○ 문항에 따라 배점이 다르니, 각 물음의 끝에 표시된 배점을 참고하시기 바랍니다.

○ 답안지는 2개(시험분석 보고서, 작업형 실기시험 답안지)이오니 확인하시기 바랍니다.

○ 문항 1, 2, 4번 답안과 문항 3번의 산출과정은 작업형 실기시험 답안지에, 문항 3번 답안은 시험분석 보고서에 기입하시기 바랍니다.

○ 답안지의 작성은 주어진 각 항에 일치하도록 작성하며, 내용은 자유롭게 작성하시기 바랍니다.

수험 번호 :

평가 항목 : 유기물질
(파라티온 : 기체크로마토그래프법)

환경측정분석사 수질분야
작업형 실기시험 문제지

―――― 〈수험자 요구 사항〉 ――――

- 기체크로마토그래프법에 따라 파라티온 분석을 수행한다.
- 전처리는 수질오염공정시험기준의 용매추출법을 수행한다.(단, 농축 및 정제과정은 생략)
- 측정용 미지시료를 전처리 없이 시험·분석하여 농도값을 구한다.
- 첨가시료를 조제하고, 전처리 후 시험·분석하여 회수율을 구한다.
- 최종 분석결과는 정리하여 제공된 "시험분석 보고서" 양식에 기록한다.

01
5점

평가항목의 시험분석 일반사항에 대해 답하시오.

(1) 기체크로마토그래피의 원리에 대해 간략히 기술하시오.

(2) 전처리과정을 포함한 전체 실험과정을 적고, 발생 가능한 오차요인을 기술하시오.

(3) 첨가시료를 이용한 회수율 시험 분석과정의 필요성을 적으시오.

02
5점

평가항목의 시험 분석과정에 대해 답하시오.

(1) 표준용액 조제 및 검정곡선(영점제외 4points) 작성 과정을 적고, 고려하여야 할 사항을 적으시오.

(2) 기기분석 조건을 적고, 기기분석 시 주의하여야 할 사항을 기술하시오.

03
40점

[문항1, 2]에서 작성한 시험분석과정을 수행하고, 시험분석보고서 양식에 따라 결과값을 작성하여 제출하시오. 제출 시 단계별로 기기 원 분석자료(raw data)를 함께 첨부하시오.

(1) 제공된 표준용액(100 mg/L)을 이용하여 검정곡선(영점제외 4points)을 작성하시오.
 − 검정곡선 결과값을 구하고, raw data를 함께 제출하시오.

(2) 측정용 미지시료에 대한 농도값(mg/L)을 구하시오.
 − 실험에 앞서 제공된 시료를 헥산으로 50배 희석하여 측정용 미지시료를 조제하시오(단, 측정용 미지시료의 농도 범위는 0.1~5.0 mg/L로 추가 희석은 수험자의 판단 하에 수행한다).
 − 측정용 미지시료를 전처리과정 없이 기기분석 하여 3회 반복한 농도값(mg/L, 소수점 이하 둘째 자리까지 표기) 및 상대표준편차(%)를 구하고, raw data를 함께 제출하시오.
 − 산출식 및 산출과정을 답안지에 자세히 기술하시오.

(3) 첨가시료에 대한 회수율을 구하시오.
 − 첨가시료는 증류수 약 100 mL에 혼합표준용액(500 mg/L) 100 μL를 첨가하여 조제하시오.
 − 첨가시료에 대한 전처리과정(용매추출법, 농축 및 정제과정 생략)을 수행하고, 최종액량은 50 mL로 하시오.
 − 전처리한 첨가시료를 기기분석 하여 3회 반복한 농도값(mg/L, 소수점 이하 둘째 자리까지 표기), 상대표준편차(%), 회수율(%)을 구하고, raw data를 함께 제출하시오.
 − 산출식 및 산출과정을 답안지에 자세히 기술하시오.

(4) 기타 미지시료의 농도 산정을 위해 고려한 사항(ex. 방법바탕시료)이 있을 경우 이에 대해 기술하고 raw data를 함께 제출하시오.

04
10점

응시자가 수행한 시험 분석과정과 그 결과값에 대해 종합적으로 고찰하시오.

05
10점

각 응시실 감독자가 응시자의 시험 분석과정에 대한 현장숙련정도 평가(시험 방법의 숙지, 저울 등 시험기구 사용의 숙련 정도, 피펫 등 유리기구 사용의 숙련 정도, 시약 등의 취급 및 제조의 숙련 정도, 분석기기 사용의 숙련 정도) 실시

(응시자는 5번 문항 답안을 작성하지 않습니다.)

<table>
<tr><td>수험 번호 :</td></tr>
</table>

평가 항목 : 유기물질
(파라티온 : 기체크로마토그래프법)

시험분석 보고서

(주1) 본 내용은 작업형 실기시험에서 응시자가 설계할 수 있는 최대 시험분석과정을 나타낸 것으로, 실제 실험은 응시자가 제한된 시간 내 시험분석과정을 직접 설계하여 수행하시기 바랍니다.

(주2) 기기분석은 기기별로 주어진 시간 내(GC의 경우 1회 제공시간은 90분임)에서 수행하여야 하므로 주지하시기 바랍니다.

(주3) 모든 실험이 완료된 후 폐액은 주어진 장소에 처리하고, 유리기구 등은 수돗물을 이용하여 1차 세척하여 정리정돈하시기 바랍니다.

구분	농도(mg/L)		면적 (Area)		계산값
(1) 검정곡선					$y = ax + b$ $a =$ $b =$ $r^2 =$

구분	면적 (Area)	농도 (mg/L)	희석배수	최종농도 (mg/L)	농도값 계산
(2) 측정용 미지시료 (분석횟수 : 회)					평균값(mg/L) = 상대표준편차(RSD%) =

구분	면적 (Area)	농도 (mg/L)	희석배수	최종농도 (mg/L)	농도값 계산
(3) 첨가시료 (분석횟수 : 회)					평균값(mg/L) = 상대표준편차(RSD%) = 회수율(%) =

좌석번호	

4회 수질환경(구술형)

□ 수질분야(일반항목)

출제범위	출제문제

측정분석의
전문성 I
[시료채취]
	1. 하천수의 시료채수에 대해 아는 대로 열거하시오.
	  (1) 하천본류와 지류가 합류 시 채취지점
	  (2) 하천단면에서 채취지점

	2. 시료를 채취하여 보존하는 경우 현장에서 즉시 측정해야 할 항목과 최대 48시간 안에 측정해야 할 항목을 아는 대로 열거하시오.
	3. 하천수에서의 수질기준을 BOD에서 TOC로 전환하기 위해 1년간 수질 모니터링을 실시하고자 한다. 이때 주요하천에서의 수질조사지점을 결정하는 데 고려되어야 하는 사항을 3가지 이상 열거하고 이유를 설명하시오.
	4. 총질소와 질산성 질소, 총인과 인산염인 시료를 분석하기 위해 시료를 폴리에틸렌 통에 2 L 채취하였다. 그러나 바로 측정이 불가하여 불가피하게 시료를 보관하여야 한다. 적당한 보관 방법을 설명하시오.
측정분석의 이해도 II [시료분석]	1. 흡광광도법(아스코르빈산 환원법)으로 총인을 측정할 때 측정원리에 대해 간단히 서술하시오.
	2. 경인 아라천은 해수 : 담수의 비율이 2 : 1로 관리되고 있는 국가 하천이다. 밀물에 의한 해수유입 시 유입지점에서 시료채취 후 COD 분석을 하고자 하며, 이때 일반 하천에서의 COD 분석법과는 다른 분석방법을 적용하여야 한다. 어떤 분석방법을 선택해야 하며, 시료 중 어떤 물질 때문에 이러한 분석법을 선택해야 하나?
	3. 수질오염공정시험기준에 명시된 총질소 분석방법의 종류에는 무엇이 있는가?
	4. 하천수의 총인(자외선/가시선분광법), 총질소[자외선/가시선분광법(산화법)]를 분석하고자 한다. 전처리와 분석과정에서의 차이점과 공통점을 3가지 이상 설명하시오.
측정분석의 전문성 III [정도관리]	1. 분석 장비의 성능을 평가할 수 있는 요인을 아는 대로 열거하시오.
	2. 흡광광도법의 원리 및 흡광광도법을 이용한 환경시료 분석방법에 대해 간단히 서술하시오.
	3. 실험실의 안전장비에 대해 열거하시오.
	4. 실험 분석결과의 정확도와 정밀도의 차이를 설명하시오.

□ 수질분야(중금속)

출제범위	출제문제
측정분석의 전문성 I [시료채취]	1. 수질오염공정시험 기준상에 퇴적물 측정망의 퇴적물 채취 및 금속 분석용 시료를 조제하기 위한 방법으로, 수면 아래 퇴적물을 (①) 점 채취하여 혼합한 다음 (②) 재질로 제작된 체(체눈 크기(③) mm)로 거른다. 체를 통과한 퇴적물, 체거름에 사용한 물을 취하여, 건조시킨 후 (④) mm 미만으로 분쇄하여 분석용 시료로 한다.
	2. 냄새 측정을 위한 시료채취 시 주의사항에 대하여 설명하시오.
	3. 시안 분석용 시료에 산화제가 공존할 경우에는 시안을 파괴할 수 있다. 방지방법에 대하여 설명하시오.
	4. 기기검출한계(IDL, instrument detection limit)에 대하여 설명하시오.
측정분석의 이해도 II [시료분석]	1. 다음 시료의 전처리에 적합한 산분해법을 설명하시오.
	2. 다음 용매추출법에 의한 시료의 전처리에 대한 설명을 완성하시오. 이 방법은 (①)법을 이용한 분석 시 목적성분의 농도가 (②)이거나 측정을 방해하는 성분이 공존할 경우 시료의 (③) 또는 방해물질을 제거하기 위한 목적으로 사용되며, 이 방법으로 시료를 전처리 한 경우에는 따로 규정이 없는 한 검정곡선 작성용 (④)도 적당한 농도로 조제하여 시료와 같은 방법으로 처리하여 시험한다.
	3. 원자흡수분광광도법에 의한 비소의 정량에는 수소화물발생장치가 사용된다. 지금 실험실 내 시판된 수소화물발생장치가 없어서 실험실내 기구 및 기구를 이용하여 수소화물 발생장치를 만들어 사용하여야 한다. 수소화물발생장치를 그림으로 그려 설명하시오.
	4. 원자흡수분광광도법에 의한 6가 크롬의 정량 시 폐수에 반응성이 큰 다른 금속 이온이 존재할 경우 방해의 영향을 줄일 수 있는 방법에 대하여 설명하시오.
측정분석의 전문성 III [정도관리]	1. 정도평가(quality assessment)는 내부정도평가와 외부정도평가로 구분되는데 각각의 특징에 대하여 간략하게 기술하시오.
	2. 표준물 첨가법은 시료의 조성이 잘 알려져 있지 않거나 복잡하여 분석신호에 영향을 줄 때 효과적이다. 매질(매트릭스, matrix)은 분석신호의 크기에 영향을 준다. 매질효과(matrix effect)란 무엇인지에 대하여 설명하시오.
	3. 검정곡선법(external standard method)은 시료의 농도와 지시값과의 상관성을 검정곡선식에 대입하여 작성하는 방법이다. 검정곡선을 작성한 후에 실시하는 검정 곡선의 검증방법에 대하여 설명하시오.
	4. 식수에 든 어떤 중금속이 허용농도 미만이라는 것을 증명하여야 하는 경우가 있다. 식수의 경우에는 가양성(false positive) 비율보다 가음성(false negative) 비율을 줄이는 것이 중요하다. 가양성과 가음성에 대하여 설명하시오.

☐ 수질분야(유기물질)

출제범위	출제문제
측정분석의 전문성 I [시료채취]	1. 1,4 – 다이옥산 분석용 수질 시료의 보존방법과 분석시점까지의 보관기간에 대해 설명하시오.(용매를 추출했을 경우 추출시료의 보관 기간 포함)
	2. 다이에틸헥실프탈레이트 분석을 위하여 잔류염소가 공존하는 시료를 4 L 갈색 유리병에 채수하려고 한다. 시료의 보존을 위하여 채수병에 첨가하여야 할 시약 및 그 양은 얼마인지 설명하시오.
	3. GC 분석 시 capillary column을 선정할 때 시료에 따라 고정상을 선택하는 기준에 대해 설명하시오.
	4. GC에서 사용하는 검출기의 종류와 특징에 대해 3가지만 설명하시오.
측정분석의 이해도 II [시료분석]	1. 휘발성유기화합물 분석에서 일반적인 주의사항을 설명하시오.
	2. 물에 존재하는 다이에틸헥실프탈레이트 분석 시 유리나 폴리테트라플루오로에틸렌(PTFE)재질이 아닌 플라스틱 기구나 기기의 사용을 피해야 하는 이유를 설명하시오.
	3. 본인이 수행한 실험에 대해 종합적으로 고찰하시오.(시료준비, 표준 용액 준비, 시료전처리, 검정곡선, 기기분석 등)
	4. 검량곡선 작성 시 내부표준법의 장점 및 surrogate 물질을 사용하는 이유에 대해 설명하시오.
측정분석의 전문성 III [정도관리]	1. 다음 예시에서 방법상 검출한계와 정량한계의 정의와 계산 과정에 대해 설명하시오. 정량한계 부근의 농도를 포함하도록 7점의 시료를 반복 측정하여 얻은 결과의 표준편차(s)가 10이다. 99% 신뢰도에서 t – 분포값이 자유도 6일 때 3, 자유도 7일 때 4로 가정한다면 이때 방법상 검출한계와 정량한계를 계산하시오. 이때 농도 단위는 mg/L이다.
	2. 다음 용어에 대해 그 차이점을 간략히 설명하시오. 크로마토그래프법, 크로마토그래프, 크로마토그램
	3. 본인이 수행한 유기물질 분석업무에 대해 경험을 이야기하시오.
	4. 환경에 대한 인식이 높아짐으로써 분석해야 할 시료수가 증가하고 있다. 환경분석사로서 대처 방법은?

4회 수질환경(작업형)

<table>
<tr><td>수험 번호 :</td><td>평가 항목 : 일반항목
(총인 : 흡광광도법)</td></tr>
</table>

환경측정분석사 수질분야
작업형 실기시험 문제지

〈수험자 요구 사항〉

— 흡광광도법(자외선/가시선 분광법)에 따라 총인 분석을 수행하시오.

— 표준용액을 이용하여 검정곡선을 작성하시오.

— 미지시료를 희석하여 측정용 시료로 조제하고, 전처리 없이 시험 · 분석하여 농도값을 구하시오.

— 측정용 시료 및 표준용액을 이용하여 첨가시료를 조제하고, 과황산칼륨 분해법으로 전처리하여 회수율을 구하시오.

— 최종분석결과는 정리하여 제공된 "시험분석 보고서" 양식에 기록하시오.

01
5점

평가항목의 시험분석 일반사항에 대해 답하시오.

(1) 흡광광도법의 원리에 대해 간략히 쓰시오.

(2) 전처리과정을 포함한 실험과정을 적고, 발생 가능한 오차요인을 기술하시오.

(3) 기기분석 조건을 적고, 기기분석 시 주의하여야 할 사항을 기술하시오.

02
5점

평가항목의 시험 분석과정에 대해 답하시오.

(1) 표준원액을 이용한 표준용액 조제 및 검정곡선 작성(영점제외 3 points) 과정을 상세히 적고, 고려하여야 할 사항을 적으시오.

(2) 첨가시료를 이용한 회수율 시험 분석과정과 그 의미를 적으시오.

03 다음과 같이 시험분석과정을 수행하고, 시험분석보고서 양식에 따라 결과값을 작성하여 제출하시
오. 제출 시 단계별로 기기 원 분석자료(raw data)를 함께 첨부하시오.

40점

(1) 제공된 표준원액(100 mg/L)을 이용하여 검정곡선(영점 제외 3points)을 작성하시오.
   – 검정곡선 결과값을 구하고, raw data를 함께 제출하시오.

(2) 미지시료에 대한 농도값(mg/L)을 전처리 없이 구하시오.
   – 실험에 앞서 제공된 미지시료를 반드시 증류수로 50배 희석하여 3개의 측정용 시료로 조제하시
     오.(단, 측정용 시료의 농도 범위는 0.05~0.5 mg/L로 추가 희석은 수험자의 판단하에 수행
     한다)
   – 측정용 시료를 각각 기기분석하여 농도값(mg/L, 소수점 이하 셋째 자리까지 표기) 및 상대표준
     편차(%)를 구하고, 희석배수를 고려한 미지시료의 최종농도값과 raw data를 함께 제출하시오.
   – 산출식 및 산출과정을 답안지에 자세히 기술하시오.

(3) 첨가시료에 대한 회수율을 구하시오.(과황산칼륨 분해법)
   – 첨가시료는 측정용 시료에 표준용액을 첨가하여 최종농도가 약 1.0 mg/L 증가하도록 3반복으
     로 조제하시오.
   – 3개의 첨가시료는 과황산칼륨 분해법에 따라 전처리하시오.
   – 전처리한 첨가시료를 각각 기기분석하여 농도값(mg/L, 소수점 이하 셋째 자리까지 표기), 상대
     표준편차(%), 회수율(%)을 구하고, 희석배수를 고려한 첨가시료의 최종농도값과 raw data를
     함께 제출하시오.
   – 첨가시료의 조제과정, 회수율의 산출식 및 산출과정을 답안지에 자세히 기술하시오.

(4) 기타 미지시료의 농도 산정을 위해 고려한 사항(ex. 방법바탕시료)이 있을 경우 이에 대해 기술하고
raw data를 함께 제출하시오.

04 응시자가 수행한 시험 분석과정과 그 결과값에 대해 종합적으로 고찰하시오.

10점

05 각 응시실 감독자가 응시자의 시험 분석과정에 대한 현장숙련정도 평가 실시

10점

(응시자는 5번 문항 답안을 작성하지 않습니다.)

수험 번호 :

평가 항목 : 일반항목
(총인 : 흡광광도법)

시험분석 보고서

(주1) 본 내용은 작업형 실기시험에서 응시자가 설계할 수 있는 최대 시험분석과정을 나타낸 것으로, 실제 실험은 응시자가 제한된 시간 내 시험분석과정을 직접 설계하여 수행하시기 바랍니다.

(주2) 기기분석은 기기별로 주어진 시간 내(UV의 경우 1회 제공시간은 30분임)에서 수행하여야 하므로 주지하시기 바랍니다.

(주3) 모든 실험이 완료된 후 폐액은 주어진 장소에 저리하고, 유리기구 등은 수돗물을 이용하여 1차 세척하여 성리정돈하시기 바랍니다.

구분	농도(mg/L)		흡광도		계산값
(1) 검정곡선					$y = ax + b$ $a =$ $b =$ $r^2 =$

구분	흡광도	농도 (mg/L)	희석배수	최종농도 (mg/L)	농도값 계산
(2) 미지시료 (발색시료수 : 3개)					평균값(mg/L) = 상대표준편차(RSD%) =

구분	표준용액 첨가량 /첨가시료량 (mL)	흡광도	농도 (mg/L)	희석배수	최종농도 (mg/L)	농도값 계산
(3) 첨가시료 (발색시료수 : 3개)						평균값(mg/L) = 상대표준편차(RSD%) = 회수율(%) =

좌석번호	

수험 번호 :

평가 항목 : 중금속
(크롬 : 원자흡수분광광도법)

환경측정분석사 수질분야
작업형 실기시험 문제지

〈수험자 요구 사항〉

- 원자흡수분광광도법(AAS)에 따라 크롬 분석을 수행하시오.
- 표준용액을 이용하여 검정곡선을 작성하시오.
- 전처리는 수질오염공정시험기준에서 정한 ES. 04150.1의 7.2.1 질산법에 준하여 수행하시오.
- 미지시료를 희석하여 측정용 시료로 조제하고, <u>전처리 없이</u> 시험·분석하여 농도값을 구하시오.
- 측정용 시료 및 표준용액을 이용하여 첨가시료를 조제하고, <u>전처리 후</u> 시험·분석하여 회수율을 구하시오.
- 최종분석결과는 정리하여 제공된 "시험분석 보고서" 양식에 기록하시오.

---

01 평가항목의 시험분석 일반사항에 대해 답하시오.
5점

(1) 원자흡수분광광도법의 원리와 크롬분석을 행할 때의 원자흡수분광분석장치의 개괄적인 구성에 대하여 기술하시오.

(2) 본 시험과 별도로 ES. 04414.1의 7.1.1 산처리법에 따른 전처리과정을 쓰고, 전처리를 포함한 전체 실험과정과 발생 가능한 오차요인을 각각 기술하시오.(단, 크롬의 함유량이 미량으로 유기물 및 현탁물이 거의 없는 시료로 간주한다)

02 평가항목의 시험 분석과정에 대해 답하시오.
5점

(1) 표준원액을 이용한 표준용액 조제 및 검정곡선 작성(영점제외 4points) 과정과 고려하여야 할 사항을 각각 기술하시오.

(2) 기기분석 조건과 기기분석 시 주의하여야 할 사항을 각각 기술하시오.

03
40점

다음과 같이 시험분석과정을 수행하고, 시험분석보고서 양식에 따라 결과값을 작성하여 제출하시오. 제출 시 단계별로 기기 원 분석자료(raw data)를 함께 첨부하시오.

(1) 제공된 표준원액(1,000 mg/L)을 이용하여 검정곡선을 작성(영점제외 4points)하시오.
  - 검정곡선 결과값을 구하고, raw data를 함께 제출하시오.

(2) 미지시료에 대한 농도값(mg/L)을 구하시오.
  - 실험에 앞서 제공된 미지시료를 반드시 증류수로 50배 희석하여 3개의 측정용 시료로 조제하시오.(단, 측정용 시료의 농도 범위는 0.05~0.7 mg/L로 추가 희석은 수험자의 판단 하에 수행한다)
  - 측정용 시료 3개를 전처리과정 없이 기기분석 하여 농도값(mg/L, 소수점 이하 둘째 자리까지 표기) 및 상대표준편차(%)를 구하고, 희석배수를 고려한 미지시료의 최종농도값과 raw data를 함께 제출하시오.
  - 산출식 및 산출과정을 답안지에 자세히 기술하시오.

(3) 첨가시료에 대한 회수율을 구하시오.
  - 첨가시료는 측정용 시료에 표준용액을 첨가하여 최종농도가 약 2.0 mg/L 증가하도록 3반복으로 100 mL씩 각각 조제하시오.
  - 3개의 첨가시료를 킬달플라스크에 각각 넣고 전처리하시오.
  - 전처리한 첨가시료 3개를 기기분석 하여 농도값(mg/L, 소수점 이하 둘째 자리까지 표기), 상대표준편차(%), 회수율(%)을 구하고, 희석배수를 고려한 첨가시료의 최종농도값과 raw data를 함께 제출하시오.
  - 첨가시료의 조제과정, 회수율의 산출식 및 산출과정을 답안지에 자세히 기술하시오.

(4) 기타 미지시료의 농도 산정을 위해 고려한 사항(ex. 방법바탕시료)이 있을 경우 이에 대해 기술하고 raw data를 함께 제출하시오.

04
10점

응시자가 수행한 시험 분석과정과 그 결과값에 대해 종합적으로 고찰하시오.

05
10점

각 응시실 감독자가 응시자의 시험 분석과정에 대한 현장숙련정도 평가 실시
(응시자는 5번 문항 답안을 작성하지 않습니다.)

수험 번호 :

평가 항목 : 중금속
(크롬 : 원자흡수분광광도법)

시험분석 보고서

(주1) 본 내용은 작업형 실기시험에서 응시자가 설계할 수 있는 최대 시험분석과정을 나타낸 것으로, 실제 실험은 응시자가 제한된 시간 내 시험분석과정을 직접 설계하여 수행하시기 바랍니다.

(주2) 기기분석은 기기별로 주어진 시간 내(AA의 경우 1회 제공시간은 30분임)에서 수행하여야 하므로 주지하시기 바랍니다.

(주3) 모든 실험이 완료된 후 폐액은 주어진 장소에 처리하고, 유리기구 등은 수돗물을 이용하여 1차 세척하여 정리정돈하시기 바랍니다.

구분	농도(mg/L)		흡광도		계산값
(1) 검정곡선					$y = ax + b$ $a =$ $b =$ $r^2 =$

구분	흡광도	농도 (mg/L)	희석배수	최종농도 (mg/L)	농도값 계산
(2) 미지시료 (시료수 : 3개)					평균값(mg/L) = 상대표준편차(RSD%) =

구분	표준용액 첨가량 /첨가시료량 (mL)	흡광도	농도 (mg/L)	희석배수	최종농도 (mg/L)	농도값 계산
(3) 첨가시료 (전처리한 첨가 시료수 : 3개)						평균값(mg/L) = 상대표준편차(RSD%) = 회수율(%) =

좌석번호	

수험 번호 :	평가 항목 : 유기물질 (PCE : 기체크로마토그래프법)

환경측정분석사 수질분야
작업형 실기시험 문제지

〈수험자 요구 사항〉

- 기체크로마토그래프법에 따라 PCE 분석을 수행하시오.

- 표준용액을 이용하여 검정곡선을 작성하시오.

- 전처리는 첨가시료에 대해서만 수질오염공정시험기준의 용매추출법으로 수행하시오. (단, 농축 및 정제과정은 생략)

- 미지시료를 희석하여 측정용 시료로 조제하고, <u>전처리 없이</u> 시험·분석하여 농도를 구하시오.

- 첨가시료를 조제하고, <u>전처리 후</u> 시험·분석하여 회수율을 구하시오.

- 최종 분석결과는 정리하여 제공된 "시험분석 보고서" 양식에 기록하시오.

01
5점
평가항목의 시험분석 일반사항에 대해 답하시오.

(1) 전처리과정을 포함한 전체 실험과정을 적고, 발생 가능한 오차요인을 기술하시오.

(2) 휘발성유기화합물 분석을 위한 시료채취 시 주의사항을 적으시오.

02
5점
평가항목의 시험 분석과정에 대해 답하시오.

(1) 표준원액을 이용한 표준용액 조제 및 검정곡선(영점제외 5points) 작성 과정을 적고, 고려하여야 할 사항을 적으시오.

(2) 기기분석 조건을 적고, 기기분석 시 주의하여야 할 사항을 기술하시오.

03

40점

다음과 같이 시험분석과정을 수행하고, 시험분석보고서 양식에 따라 결과값을 작성하여 제출하시오. 제출 시 단계별로 기기 원 분석자료(raw data)를 함께 첨부하시오.

(1) 제공된 표준원액(100 mg/L in Methanol)을 이용하여 검정곡선(영점제외 5points)을 작성하시오.
  – 검정곡선 결과값을 구하고, raw data를 함께 제출하시오.

(2) 미지시료에 대한 농도값(mg/L)을 구하시오.
  – 실험에 앞서 제공된 미지시료를 메탄올로 100배 희석하여 3개의 측정용 시료로 조제하시오(단, 측정용 시료의 농도 범위는 0.1~1.0 mg/L로 추가 희석은 수험자의 판단 하에 수행한다).
  – 측정용 시료 3개를 전처리과정 없이 기기분석 하여 농도값(mg/L, 소수점 이하 셋째 자리까지 표기) 및 상대표준편차(%)를 구하고, 희석배수를 고려한 미지시료의 최종농도값과 raw data를 함께 제출하시오.
  – 산출식 및 산출과정을 답안지에 자세히 기술하시오.

(3) 첨가시료에 대한 회수율을 구하시오.
  – 첨가시료는 공전부피실린더에 증류수 40 mL를 넣고, 표준용액(100 mg/L in Methanol) 25 μL를 각각 첨가하여 3개의 시료를 조제하시오.
  – 전처리는 휘발성유기화합물 용매추출/기체크로마토그래프법의 전처리 방법에 준하여 수행하시오.
  – 전처리한 첨가시료를 각각 기기분석 하여 농도(mg/L, 소수점 이하 셋째 자리까지 표기), 상대표준편차(%), 회수율(%)를 구하고, 희석배수를 고려한 첨가시료의 최종농도값과 raw data를 함께 제출하시오.
  – 산출식 및 산출과정을 답안지에 자세히 기술하시오.
  – 첨가시료를 이용한 회수율 시험 분석과정의 필요성을 적으시오.

(4) 방법바탕시료를 점검하는 이유에 대해 기술하고 raw data를 함께 제출하시오.

04

10점

응시자가 수행한 시험 분석과정과 그 결과값에 대해 종합적으로 고찰하시오.

05

10점

각 응시실 감독자가 응시자의 시험 분석과정에 대한 현장숙련정도 평가 실시

(응시자는 5번 문항 답안을 작성하지 않습니다.)

<table>
<tr><td>수험 번호 :</td><td>평가 항목 : 유기물질
(PCE : 기체크로마토그래프법)</td></tr>
</table>

시험분석 보고서

(주1) 본 내용은 작업형 실기시험에서 응시자가 설계할 수 있는 최대 시험분석과정을 나타낸 것으로, 실제 실험은 응시자가 제한된 시간 내 시험분석과정을 직접 설계하여 수행하시기 바랍니다.

(주2) 기기분석은 기기별로 주어진 시간 내(GC의 경우 1회 제공시간은 90분임)에서 수행하여야 하므로 주지하시기 바랍니다.

(주3) 모든 실험이 완료된 후 폐액은 주어진 장소에 처리하고, 유리기구 등은 수돗물을 이용하여 1차 세척하여 정리정돈하시기 바랍니다.

구분	농도(mg/L)	면적 (Area)	계산값
(1) 검정곡선			$y = ax + b$ $a =$ $b =$ $r^2 =$

구분	면적 (Area)	농도 (mg/L)	희석배수	최종농도 (mg/L)	농도값 계산
(2) 미지시료 (시료수 : 3개)					평균값(mg/L) = 상대표준편차(RSD%) =

구분	면적 (Area)	농도 (mg/L)	희석배수	최종농도 (mg/L)	농도값 계산
(3) 첨가시료 (전처리한 첨가 시료수 : 3개)					평균값(mg/L) = 상대표준편차(RSD%) = 회수율(%) =

5회 수질환경(구술형)

□ 수질분야(일반항목)

출제범위	출제문제
측정분석의 전문성 I [시료채취]	1. 시료채취 시 grab sampling과 composite sampling의 차이점을 설명하고 grab sampling을 해야 할 경우를 설명하시오.
	2. 수직성층이 일어난 호수 및 저수지에서의 시료 채취방법에 대해 설명하시오.
	3. 노말헥산추출물질을 즉시 실험할 수 없을 때 시료의 보존 방법 및 최대 보관기간에 대하여 설명하시오.
	4. 용존산소(DO)와 생물화학적 산소요구량(BOD)의 특징을 설명하고 유기물과 DO와의 관계를 설명하시오.
측정분석의 이해도 II [시료분석]	1. 수중 암모니아성 질소의 분석 필요성과 자외선/가시선 분광법에 의한 암모니아성 질소 분석의 원리를 설명하시오.
	2. 흡광광도법에 의한 수질용 분석기기의 파장 범위를 설명하고, 흡수 셀의 재질과 적용파장에 대해 논하시오.
	3. n-헥산 추출물질 측정 시 이용되는 측정법에 대해 설명하고 그 측정원리를 논하시오.
	4. 본인이 수행한 수질 일반항목 실험에 대해 종합적으로 고찰하시오.(시료준비, 첨가시료준비, 표준용액 준비, 검정곡선, 기기분석 등)
측정분석의 전문성 III [정도관리]	1. 시료의 분석결과에 대한 신뢰성을 부여하기 위해서는 반드시 정도관리가 필요한데 정도관리용 시료의 필요조건에 대하여 설명하시오.
	2. 방법검출한계 농도 근처에서는 통계학적으로 시료에 존재하는 오염물질의 50 %가 불검출될 수 있으므로 시험결과를 그대로 보고하는 것은 쉽지 않다. 이러한 경우 측정분석사로서 취해야 할 적절한 조치에 대해 설명하시오.
	3. 바탕시료(blank sample)의 필요성과 종류에 대해 설명하시오.
	4. 정확도(accuracy)와 정밀도(precision)의 차이를 설명하시오.

□ 수질분야(중금속)

출제범위	출제문제
측정분석의 전문성 I [시료채취]	1. 퇴적물 채취기의 종류와 그 용도를 설명하시오.
	2. 비소와 셀레늄 분석용 시료의 보존방법에 대하여 설명하시오.
	3. 수질조사지점의 대체적인 위치가 결정된 후 정확한 지점 결정을 위해 고려해야 할 사항들을 3가지 이상 설명하시오.
	4. 용해금속과 부유금속의 시료 채취 방법, 보존 방법 및 보존 기간에 대하여 설명하시오.
측정분석의 이해도 II [시료분석]	1. 수소화물생성 – 원자흡수분광광도법에 의한 셀레늄 정량을 위한 전처리 방법과 분석방법에 대하여 설명하시오.
	2. 원자흡광분석에서 일어나는 간섭에 대해 설명하시오. 그 원인과 대책도 함께 설명하시오.
	3. 원자흡수분광광도계(Atomic Absorption Spectrometry)를 이용한 원소분석에 사용되는 연소가스의 종류, 분석원소, 가스 등급에 대하여 설명하시오.
	4. 시료의 전처리법에서 산분해법 사용시약을 3가지 이상 설명하시오.
측정분석의 전문성 III [정도관리]	1. 측정기기의 눈금에서 결정된 유효숫자 간의 덧셈/뺄셈과 곱셈/나눗셈의 연산규칙을 설명하시오.
	2. 검출한계에 대하여 설명하시오.
	3. 의심스러운 데이터를 버릴 것인지 받아들일 것인지를 결정하기 위해서 Q–test를 사용한다. Q–test에 대하여 설명하시오.
	4. 본인이 수행한 수질 중금속 실험에 대해 종합적으로 고찰하시오. (시료준비, 첨가시료 분석, 검정곡선, 기기분석 등)

□ 수질분야(유기물질)

출제범위	출제문제
측정분석의 전문성 I [시료채취]	1. 시료채취계획을 수립하고자 할 때 고려하여야 할 사항을 3가지 이상 설명하시오.
	2. 휘발성유기화합물 분석 시 플라스틱을 사용하지 않는 이유를 설명하시오.
	3. 하천수의 DEHP(디에틸헥실프탈레이트) 분석을 위한 시료채취 방법에 대해 설명하시오.
	4. 잔류염소가 있는 수질 시료에서 VOC를 분석하고자 할 때 시료 보존 방법을 설명하시오.
측정분석의 이해도 II [시료분석]	1. PCBs나 유기인계 농약 등을 분석하기 위한 시료전처리과정에서 실리카겔 컬럼과 플로리실 컬럼을 사용하여 정제를 하여야 하는 경우가 있다. 어떤 간섭물질들을 제거하기 위한 것인지 설명하시오.
	2. 수질 시료로부터 다이에틸헥실프탈레이트를 분석하는 과정 중에 추출용매인 노말헥산 층과 수층이 잘 분리되지 않고 에멀전이 생성되었다. 층분리를 하는 방법과 추출용매로부터 수분을 제거하는 방법을 설명하시오.
	3. 분석하고자 하는 항목에 따라 전처리 방법을 달리 선택한다. 벤젠분석을 위한 전처리방법을 선택하고 설명하시오.
	4. 가스크로마토그래프를 이용한 분석조건을 설정하는 경우 고려하여야 하는 사항에 대해 설명하시오.
	5. 본인이 수행한 수질 유기물질항목 실험에 대해 종합적으로 고찰하시오.(시료준비, 표준용액 준비, 첨가시료 분석, 검정곡선, 기기분석 등)
측정분석의 전문성 III [정도관리]	1. 방법바탕시료(method blank sample), 현장바탕시료(field blank sample), 운반바탕시료(trip blank sample)에 대해 설명하시오.
	2. 검정곡선의 직선성과 범위에 대해 설명하시오.
	3. 정도관리분야에서 평가를 위한 내부정도관리, 외부정도관리에 대해 설명하시오.
	4. 실험실 안전관리를 위해 갖추어야 할 기본적인 안전설비는 무엇이 있으며, 또 실험실에 비치하는 MSDS가 무엇인지 간략히 설명하시오.

5회 수질환경(작업형)

5회 환경측정분석사(실기)

검 정 분 야	수질	검 정 과 목	일반항목
날 짜	2013.10.19	응 시 번 호	
성 명		좌 석 번 호	

─ 〈응시자 주의 사항〉 ─

○ 문제지 1page에 성명, 응시번호, 좌석번호를 기입하시고, 2page에 수험번호를 기입하시기 바랍니다.

○ '시험분석 보고서'에 응시번호와 좌석번호를 쓰고, 답을 정확히 기재하시기 바랍니다.

○ 문항에 따라 배점이 다르니, 각 물음의 끝에 표시된 배점을 참고하시기 바랍니다.

○ 답안지는 2개(시험분석 보고서, 작업형 실기시험 답안지)이오니 확인하시기 바랍니다.

○ 문항 1, 2, 4번 답안과 문항 3번의 산출과정은 작업형 실기시험 답안지에, 문항 3번 답안은 시험분석 보고서에 기입하시기 바랍니다.

○ 답안지의 작성은 주어진 각 항에 일치하도록 작성하며, 내용은 자유롭게 작성하시기 바랍니다.

응시 번호 :

평가 항목 : 일반항목
(암모니아성 질소 : 인도페놀법)

환경측정분석사 수질분야
작업형 실기시험 문제지

〈응시 요구 사항〉

- 인도페놀법에 따라 암모니아성 질소 분석을 수행하시오.
- 표준용액을 이용하여 검정곡선을 작성하시오.
- 미지시료를 희석하여 측정용 시료로 조제하고, 시험 · 분석하여 수질 중 암모니아성 질소의 농도값을 구하시오.
- 첨가시료를 조제하며 문항대로 수행하시오.
- 최종분석결과는 정리하여 제공된 "시험분석 보고서" 양식에 기록하시오.

---

01 평가항목의 시험분석 일반사항에 대해 답하시오.
5점

(1) Lambert−Beer 법칙에 대하여 간단히 설명하시오.

(2) 흡광광도 분석장치의 주요 구성 요소에 대하여 간단히 설명하시오.

(3) 본 실험 방법에서 발생 가능한 오차요인을 설명하시오.

(4) 인도페놀의 생성 원리를 화학반응과정으로 설명하시오.

02 평가항목의 시험 분석과정에 대해 답하시오.
5점

(1) 표준용액 조제와 검정곡선 작성(영점제외 3 points) 과정을 기술하시오.

(2) 정확도와 정밀도를 구하는 과정과 의미를 기술하시오.

03 [문항1, 2]에서 작성한 시험분석과정을 수행하고, 시험분석보고서 양식에 따라 결과값을 작성하여
40점 제출하시오. 제출 시 단계별로 기기 원 분석자료(raw data)를 함께 첨부하시오.

(1) 제공된 표준원액(100 mg/L)을 이용하여 검정곡선(영점 제외 3 points)을 작성하시오.

 - 검정곡선 결과값(mg/L, 소수점 이하 셋째 자리까지 표기)을 구하고, raw data를 함께 제출하시오.

 - 하이포염소산나트륨 유효염소농도(%)와 용액제조 시 넣은 양(mL)을 구하시오.
 (자동뷰렛, 뷰렛 또는 메스피펫 등을 이용하여 실험하시오)

(2) 미지시료에 대한 농도값(mg/L)을 전처리(증류) 없이 구하시오.

 - 실험에 앞서 제공된 미지시료를 반드시 증류수로 50배 희석하여 3개의 측정용 시료로 조제하시
 오.(단, 측정용 시료의 50배 희석후 농도 범위는 1.0~4.0 mg/L로 추가 희석은 수험자의 판단하
 에 수행한다)

 - 산출식 및 산출과정을 답안지에 자세히 기술하시오.

(3) 정제수에 정량한계의 1~10배가 되도록 동일하게 표준물질을 첨가한 시료를 4개 이상 준비하여,
정확도와 정밀도를 구하시오.

(4) 기타 미지시료의 농도 산정을 위해 고려한 사항(ex. 방법바탕시료)이 있을 경우 이에 대해 기술하시오.

04 응시자가 수행한 시험 분석과정과 그 결과값에 대해 종합적으로 고찰하시오.
10점

05 각 응시실 감독자가 응시자의 시험 분석과정에 대한 현장숙련정도 평가 실시
10점
(응시자는 5번 문항 답안을 작성하지 않습니다.)

<table>
<tr><td>응시 번호 :</td><td>평가 항목 : 일반항목
(암모니아성 질소 : 인도페놀법)</td></tr>
</table>

시험분석 보고서

(주1) 본 내용은 작업형 실기시험에서 응시자가 설계할 수 있는 최대 시험분석과정을 나타낸 것으로, 실제 실험은 응시자가 제한된 시간 내 시험분석과정을 직접 설계하여 수행하시기 바랍니다.

(주2) 기기분석은 기기별로 주어진 시간 내(흡광광도계의 경우 <u>1회</u> 제공시간은 30분임)에서 수행하여야 하므로 주지하시기 바랍니다.

(주3) 모든 실험이 완료된 후 폐액은 주어진 장소에 처리하고, 유리기구 등은 수돗물을 이용하여 1차 세척하여 지정된 장소(후드 앞, 바구니에 담을 것)에 정리정돈하시기 바랍니다.

(주4) 깨진 유리기구, 바이알을 포함한 1회용 유리기구와 남은 폐액은 주어진 장소에 처리하고 수돗물로 1차 세척하여, 지정된 장소에 처리합니다.(실험실 맨 뒤 후드 옆 싱크대)

구분	농도(mg/L)	흡광도	계산값
(1) 검정곡선			$y=ax+b$ $a=$ $b=$ $r^2=$

구분	0.1 N 티오황산나트륨 용액 적정액량(mL)	유효염소농도(%)	1% 용액제조 시 넣은 양(mL)
(2) 하이포염소산 나트륨 용액			

구분	흡광도	농도 (mg/L)	희석배수	최종농도 (mg/L)	농도값 계산
(3) 측정용 미지시료 (발색시료수 : 개)					평균값(mg/L) = 상대표준편차(RSD%) =

구분	첨가 표준용액농도 (mg/L)/첨가 시료량(mL)	흡광도	농도 (mg/L)	희석 배수	최종농도 (mg/L)	농도값 계산
(4) 첨가시료 (발색시료수 : 4개)						평균값(mg/L) = 상대표준편차(RSD%) =

좌석번호	

5회 환경측정분석사(실기)

검 정 분 야	수질	검 정 과 목	중금속
날 짜	2013.10.19	응 시 번 호	
성 명		좌 석 번 호	

─ 〈응시자 주의 사항〉 ─

O 문제지 1page에 성명, 응시번호, 좌석번호를 기입하시고, 2page에 수험번호를 기입하시기 바랍니다.

O '시험분석 보고서'에 응시번호와 좌석번호를 쓰고, 답을 정확히 기재하시기 바랍니다.

O 문항에 따라 배점이 다르니, 각 물음의 끝에 표시된 배점을 참고하시기 바랍니다.

O 답안지는 2개(시험분석 보고서, 작업형 실기시험 답안지)이오니 확인하시기 바랍니다.

O 문항 1, 2, 4번 답안과 문항 3번의 산출과정은 작업형 실기시험 답안지에, 문항 3번 답안은 시험분석 보고서에 기입하시기 바랍니다.

O 답안지의 작성은 주어진 각 항에 일치하도록 작성하며, 내용은 자유롭게 작성하시기 바랍니다.

응시 번호 :

평가 항목 : 중금속
[망간(Mn) : 원자흡수분광광도법]

환경측정분석사 수질분야
작업형 실기시험 문제지

〈응시 요구 사항〉

- 수질오염공정시험기준의 원자흡수분광광도법(AAS)에 따라 실험을 수행하시오.
- 표준용액을 이용하여 검정곡선을 작성하시오.
- 미지시료의 분석용 시료 제조 과정을 기술하고 전처리 없이(가열분해 생략) 분석을 실시하시오.
- 첨가시료를 조제하여 전처리 없이(가열분해 생략) 분석을 실시하시오.
- 최종 분석결과는 정리하여 제공된 "시험분석 보고서" 양식에 기록하시오.

01 평가항목의 시험분석 일반사항에 대해 답하시오.
5점

(1) 원자흡수분광광도법을 이용한 망간분석 조건(흡수파장, 조연성가스 및 가연성 가스의 유량, 버너 높이, 측정시간, 반복측정 횟수, 정량한계)을 기술하시오.

(2) 기기 분석 시 주의해야 할 사항을 기술하시오.

(3) 미지시료가 무색투명하다고 가정하고 분석용 시료 제조 과정을 기술하시오.

(4) 측정 분석 시 발생 가능한 오차 요인을 기술하시오.

02 평가항목의 시험 분석과정에 대해 답하시오.
5점

(1) 표준원액을 이용한 표준용액 제조과정을 기술하시오.

(2) 검정곡선 작성 과정을 기술하시오.

(3) 표준용액 제조 시 고려해야 할 사항을 기술하시오.

03 [문항1, 2]에서 작성한 시험분석과정을 수행하고, 시험분석보고서 양식에 따라 결과값을 작성하여
40점 제출하시오. 제출 시 단계별로 기기 원 분석자료(raw data)를 함께 첨부하시오.

(1) 제공된 표준원액(1,000 mg/L)을 이용하여 검정곡선(영점제외 4 points)을 작성하시오(검정곡선
Linear).

  - 검정곡선 결과 값을 구하고, raw data를 함께 제출하시오.

(2) 미지시료에 대한 농도값을 구하시오.

  - 실험에 앞서 제공된 미지시료를 반드시 증류수로 10배 희석하여 3개의 측정용 시료로 제조하시
    오.(단, 측정용 시료의 농도 범위는 0.5 ~ 5 mg/L 로 추가희석은 수험자의 판단하에 수행한다)

  - 측정용 미지시료를 전처리 과정 없이 기기 분석하여 3회 반복한 농도값(mg/L, 소수점 이하 둘째
    자리까지 표기) 및 상대표준편차(%)를 구하고, raw data를 함께 제출하시오.

  - 산출식 및 산출과정을 답안지에 자세히 기술하시오.

(3) 첨가시료에 대한 회수율을 구하시오.

  - 첨가시료는 측정용 미지시료에 망간 표준용액(100 mg/L)을 0.5~1 mL 첨가하여 최종액량 100
    mL로 제조하시오.

  - 첨가시료 3개를 기기 분석하여 농도값(mg/L, 소수점 이하 둘째 자리까지 표기), 상대 표준편차
    (%), 회수율(%)을 구하고, raw data를 함께 제출하시오.

  - 첨가시료의 조제과정, 회수율의 산출식 및 산출과정을 답안지에 자세히 기술하시오.

04 응시자가 수행한 시험 분석과정과 그 결과값에 대해 종합적으로 고찰하시오.
10점

05 각 응시실 감독자가 응시자의 시험 분석과정에 대한 현장숙련정도 평가 실시
10점

(응시자는 5번 문항 답안을 작성하지 않습니다.)

<table>
<tr><td>응시 번호 :</td><td>평가 항목 : 중금속
[망간(Mn) : 원자흡수분광광도법]</td></tr>
</table>

시험분석 보고서

(주1) 본 내용은 작업형 실기시험에서 응시자가 설계할 수 있는 최대 시험분석과정을 나타낸 것으로, 실제 실험은 응시자가 제한된 시간 내 시험분석과정을 직접 설계하여 수행하시기 바랍니다.

(주2) 기기분석은 기기별로 주어진 시간 내(AA의 경우 1회 제공시간은 30분임)에서 수행하여야 하므로 주지하시기 바랍니다.

(주3) 모든 실험이 완료된 후 폐액은 주어진 장소에 처리하고, 유리기구 등은 수돗물을 이용하여 1차 세척하여 지정된 장소(후드 앞, 바구니에 담을 것)에 정리정돈하시기 바랍니다.

(주4) 깨진 유리기구, 바이알을 포함한 1회용 유리기구와 남은 폐액은 주어진 장소에 처리하고 수돗물로 1차 세척하여, 지정된 장소에 처리합니다.(실험실 맨 뒤 후드 옆 싱크대)

구분	농도(mg/L)		흡광도		계산값
(1) 검정곡선 (Linear)					$y = ax + b$ $a =$ $b =$ $r^2 =$

구분	흡광도	농도 (mg/L)	희석배수	최종농도 (mg/L)	농도값 계산
(2) 측정용 미지시료 (분석개수 : 3개)					표준편차 = 평균값(mg/L) = 상대표준편차(RSD%) =

구분	첨가시료량 (mL)	흡광도	희석 배수	농도 (mg/L)	최종농도 (mg/L)	농도값 계산
(3) 첨가시료 (첨가시료수 : 3개)						평균값(mg/L) = 상대표준편차(RSD%) = 회수율(%) =

※ 첨가농도 계산방법(AAS 농도) : 첨가시료농도 - 미지시료농도

좌석번호	

5회 환경측정분석사(실기)

검 정 분 야	수질	검 정 과 목	유기물질
날 짜	2013.10.20	응 시 번 호	
성 명		좌 석 번 호	

〈응시자 주의 사항〉

○ 문제지 1page에 성명, 응시번호, 좌석번호를 기입하시고, 2page에 수험번호를 기입하시기 바랍니다.

○ '시험분석 보고서'에 응시번호와 좌석번호를 쓰고, 답을 정확히 기재하시기 바랍니다.

○ 문항에 따라 배점이 다르니, 각 물음의 끝에 표시된 배점을 참고하시기 바랍니다.

○ 답안지는 2개(시험분석 보고서, 작업형 실기시험 답안지)이오니 확인하시기 바랍니다.

○ 문항 1, 2, 4번 답안과 문항 3번의 산출과정은 작업형 실기시험 답안지에, 문항 3번 답안은 시험분석 보고서에 기입하시기 바랍니다.

○ 답안지의 작성은 주어진 각 항에 일치하도록 작성하며, 내용은 자유롭게 작성하시기 바랍니다.

응시 번호 :

평가 항목 : 유기물질
(TCE : 기체크로마토그래프법)

환경측정분석사 수질분야
작업형 실기시험 문제지

───── 〈응시자 요구 사항〉 ─────

- 기체크로마토그래프법에 따라 TCE 분석을 수행하시오.
- 표준용액을 이용하여 검정곡선을 작성하시오.
- 전처리는 첨가시료에 대해서만 수질오염공정시험기준의 용매추출법으로 수행하시오.
- 미지시료를 희석하여 측정용 시료로 조제하고, <u>전처리 없이</u> 시험·분석하여 농도를 구하시오.
- 첨가시료를 조제하고, <u>전처리 후</u> 시험·분석하여 정확도를 구하시오.
- 최종 분석결과는 정리하여 제공된 "시험분석 보고서" 양식에 기록하시오.

01
5점

평가항목의 시험분석 일반사항에 대해 답하시오.

(1) 전처리과정을 포함한 전체 실험과정을 적고, 발생 가능한 오차요인을 기술하시오.

(2) 휘발성유기화합물 분석을 위한 시료 채취 시 주의사항을 적으시오.

02
5점

평가항목의 시험 분석과정에 대해 답하시오.

(1) 표준원액(100 mg/L)을 이용한 표준용액 조제 및 검정곡선(영점제외 5 points) 작성 과정을 적고, 고려하여야 할 사항을 적으시오.(공정시험기준 농도범위, 메탄올로 희석)

(2) 기기분석 조건을 적고, 기기분석 시 주의하여야 할 사항을 기술하시오.

03
40점

다음과 같이 시험분석과정을 수행하고, 시험분석보고서 양식에 따라 결과값을 작성하여 제출하시오. 제출 시 단계별로 기기 원 분석자료(raw data)를 함께 첨부하시오.

(1) 제공된 표준원액(100 mg/L in Methanol)을 이용하여 검정곡선(영점제외 5 points)을 작성하시오.
    – 검정곡선 결과값을 구하고, raw data를 함께 제출하시오.
    ※ 표준원액 희석 시 메탄올로 희석하여 분석

(2) 미지시료에 대한 농도값(mg/L)을 구하시오.
    – 실험에 앞서 제공된 미지시료를 메탄올로 100배 희석하여 3개의 측정용 시료로 조제하시오(단, 측정용 시료(희석)의 농도 범위는 0.1~ 1.0 mg/L로 추가 희석은 응시자의 판단 하에 수행한다).
    – 측정용 시료 3개를 전처리과정 없이 기기분석 하여 농도값(mg/L, 소수점 이하 셋째 자리까지 표기) 및 상대표준편차(%)를 구하고, 희석배수를 고려한 미지시료의 최종 농도값과 raw data를 함께 제출하시오.
    – 산출식 및 산출과정을 답안지에 자세히 기술하시오.

(3) 첨가시료에 대한 정확도를 구하시오.(제공된 먹는 샘물에 표준원액을 첨가하여 제조)
    – 첨가시료는 공전부피실린더에 정제수 40 mL를 넣고, 표준원액(100 mg/L in Methanol) 25 μL를 각각 첨가하여 3개의 시료를 조제하시오.
    – 전처리는 휘발성유기화합물 용매추출/기체크로마토그래프법의 전처리 방법에 준하여 수행하시오.(기기분석 시 기 수행한 검량선(용매 : 메탄올)을 이용하여 정량하시오)
    – 전처리한 첨가시료를 각각 기기분석 하여 농도(mg/L, 소수점 이하 셋째 자리까지 표기), 정밀도(상대표준편차)(%), 정확도(%)를 구하고, 희석배수를 고려한 첨가시료의 최종 농도값과 raw data를 함께 제출하시오.
    – 산출식 및 산출과정을 답안지에 자세히 기술하시오.
    – 첨가시료를 이용한 정확도 시험 분석과정의 필요성을 적으시오.

(4) 방법바탕시료를 점검하는 이유에 대해 기술하고 raw data를 함께 제출하시오.

04
10점

응시자가 수행한 시험 분석과정과 그 결과값에 대해 종합적으로 고찰하시오.

05
10점

각 응시실 감독자가 응시자의 시험 분석과정에 대한 현장숙련정도 평가 실시

(응시자는 5번 문항 답안을 작성하지 않습니다.)

응시 번호 :

평가 항목 : 유기물질
(TCE : 기체크로마토그래프법)

시험분석 보고서

(주1) 본 내용은 작업형 실기시험에서 응시자가 설계할 수 있는 최대 시험분석과정을 나타낸 것으로, 실제 실험은 응시자가 제한된 시간 내 시험분석과정을 직접 설계하여 수행하시기 바랍니다.

(주2) 모든 실험이 완료된 후 폐액은 주어진 장소에 처리하고, 유리기구 등은 수돗물을 이용하여 1차 세척하여 지정된 장소(후드 앞, 바구니에 담을 것)에 정리정돈하시기 바랍니다.

(주3) 깨진 유리기구, 바이알을 포함한 1회용 유리기구와 남은 폐액은 주어진 장소에 처리하고 수돗물로 1차 세척하여, 지정된 장소에 처리합니다.(실험실 맨 뒤 후드 옆 싱크대)

구분	농도(mg/L)	면적(Area)	계산값
(1) 검정곡선			$y=ax+b$ $a=$ $b=$ $r^2=$

구분	면적(Area)	농도 (mg/L)	희석배수	최종농도 (mg/L)	농도값 계산
(2) 측정용 미지시료 (분석개수 : 3개)					평균값(mg/L) = 상대표준편차(RSD%) =

구분	면적(Area)	농도 (mg/L)	희석배수	최종농도 (mg/L)	농도값 계산
(3) 첨가시료 (추출실험) (분석개수 : 3개)					평균값(mg/L) = 상대표준편차(RSD%) = 정확도(%) =

좌석번호	

참고문헌

1. 수질오염공정시험기준(2018)
2. 먹는물수질공정시험기준(2018)
3. 환경시험검사 QA/QC 핸드북(2011)
4. https://qtest.me.go.kr

집필진

곽 순 철
- 한국환경시험평가원
- 전(前)국립환경과학원
- 국립환경과학원 정도관리평가위원
- 환경측정분석사

오 두 현
- 한국환경시험평가원
- 전(前)국립한경대학교 한경분석센터

김 혜 성
- (재)FITI 시험연구원
- 전(前)국립환경과학원
- 환경측정분석사

임 태 숙
- 식품의약품안전처
- 전(前)국립환경과학원
- 환경측정분석사

환경측정분석사 실기

수질환경측정분석 분야

발행일 | 2019. 4. 5 초판발행
2022. 1. 15 초판 2쇄

저 자 | 한국환경시험평가원
발행인 | 정용수
발행처 | 예문사

주 소 | 경기도 파주시 직지길 460(출판도시) 도서출판 예문사
T E L | 031) 955 - 0550
F A X | 031) 955 - 0660
등록번호 | 11 - 76호

정가 : 18,000원

ISBN 978-89-274-3051-3 13530

이 도서의 국립중앙도서관 출판예정도서목록(CIP)은 서지정보유통지
원시스템 홈페이지(http://seoji.nl.go.kr)와 국가자료공동목록시스템
(http://www.nl.go.kr/kolisnet)에서 이용하실 수 있습니다.
(CIP제어번호 : CIP2019010140)

학습 시 의문사항은 곽순철 저자 이메일(gsc@kiete.kr)로 문의하여
주시기 바랍니다.